智元微库
**OPEN MIND**

成 长 也 是 一 种 美 好

# 讲好你的故事

## Small Actions

# 66个小行动
# 改变人生剧本

Leading Your Career to Big Success

[新加坡] 沈文才（Eric Sim）
[新西兰] 西蒙·莫特洛克（Simon Mortlock） 著　马艳 译

人民邮电出版社
北京

图书在版编目（CIP）数据

讲好你的故事：66个小行动改变人生剧本 /
（新加坡）沈文才（Eric Sim），（新西兰）西蒙·莫特洛
克（Simon Mortlock）著；马艳译. -- 北京：人民邮
电出版社，2022.8（2023.10重印）
ISBN 978-7-115-59049-7

Ⅰ．①讲… Ⅱ．①沈… ②西… ③马… Ⅲ．①成功心
理—通俗读物 Ⅳ．①B848.4-49

中国版本图书馆CIP数据核字(2022)第051976号

## 版权声明

◆ 著 ［新加坡］沈文才（Eric Sim）
　　　　［新西兰］西蒙·莫特洛克（Simon Mortlock）
　　译 马 艳
　　责任编辑 张渝涓
　　责任印制 周昇亮
◆ 人民邮电出版社出版发行　　北京市丰台区成寿寺路 11 号
　　邮编 100164　 电子邮件 315@ptpress.com.cn
　　网址 https://www.ptpress.com.cn
　　天津千鹤文化传播有限公司印刷
◆ 开本：880×1230　1/32
　　印张：11　　　　　　　　　　　　2022 年 8 月第 1 版
　　字数：180 千字　　　　　　　2023 年 10 月天津第 5 次印刷
　　著作权合同登记号　图字：01-2021-7403 号

定 价：69.80 元
读者服务热线：（010）81055522　印装质量热线：（010）81055316
反盗版热线：（010）81055315
广告经营许可证：京东市监广登字 20170147号

# 目　录

**第3章**

## 积累社会资本，扩大人际网络

**第4章**

## 把握劝导、沟通和谈判的力量

## 第5章 |

## 你其实也在做销售

## 第6章 |

## 人生从不会一帆风顺：兵来将挡，水来土掩

第7章

## 放手一搏：为什么值得去冒险

第8章

## 改变自己，开发新兴趣，学习新技能

第 11 章

# 展示你的思维领导力

# 前　言

## 小行动串起的人生

我在过去的大半生中饱受自卑情结的折磨，直到最近[1]才释怀。如果你看到我高中时的成绩单，读过当时老师写给我的评语，就会知道当年的我是个害羞的男孩，那时的我学习成绩差，不擅长运动，显得很不合群。

从学生时代起，我就一直努力克服自卑感，思考如何才能取得成功。我最早采用且执行得最久的一个策略是，学习各种科目的知识。为了填补内心的不安全感，我学习了很多课程，从室内设计到摄影，再到积极心理学。我有一个很厚的文件夹，里面装满了证书。虽然学习各种新知识确实有助于我树立自信，但那种自己不够出色的感觉却从未完全消失。

---

1　本书英文版本出版于 2021 年 11 月。——编者注

　　我在为牛津大学的学生和校友做线上演讲的那一天才彻底消除了自卑感。我打开家中工作室的灯，坐在镜头前。主持人是牛津大学商学院的准 MBA 学生，她为我致欢迎辞，介绍了我的背景。我的演讲主题是"如何展示思维领导力"。开讲之前，主持人问了我一个问题："沈先生，您在社交媒体上很有影响力。另外，我知道您在银行工作，工作非常忙，但您仍然能抽出时间在大学里担任副教授，参加各种大会并做主题演讲。您是如何成功做到这些的？"

　　这是一个很好的问题，就在两个月前，我在芝加哥大学布斯商学院向 EMBA 学生演讲时也被问到了类似的问题。这让我思忖，在职业生涯中，我一定做对了某些事，不然这些国际名校的学生为什么会请我来讲课？况且我的课程又不计学分，他们何必费心来听呢？我是如何成为一名"成功人士"（用学生的话说）的？

　　这些都是不容易回答的问题，无法在网络研讨会上用三言两语说清楚，我需要深入探讨所谓"成功"这一概念以及我如何实现它。有了这个想法和目标，我决定与西蒙·莫特洛克合作写作本书。西蒙是我认识的一位记者、编辑和内容经理，擅长撰写与职业规划和招聘话题相关的内容。

## 循序渐进的职业旅途

开始筹划这本书时，我回顾了自己的人生，想探究我的成功因何而来。我一一回忆了自己职场生涯的里程碑，意识到自己并不是一个特别勇敢的人。我从未做过真正大胆和冒险的决定，比如裸辞。然而，在工作和生活中，我采取过很多小行动，它们积累叠加，最终将我推向成功。我的职业生涯是循序渐进地向前、向上发展的，而不是戏剧性爆发的。小行动没有立竿见影的成效，但随着时间的推移，它们最终为我带来了满意的回报。

临近本科毕业时，我遇到一位同学，他告诉我他刚刚参加完新加坡一家银行的校园招聘会。虽然我错过了这次校园招聘会，但我主动给银行寄了一封申请信，这个行动让我最终得到了这份工作。如果没有写申请信，我就不会进入银行工作，就不可能有后来长达数十年的银行职业生涯，因为在那之前，我求职的所有金融机构都拒绝了我。

因为工作关系，我在中国香港特别行政区、上海和英国伦敦都生活过，如今我定居新加坡，所以这本书涉及的场景也十分国际化。我还在香港工作过 3 次，对这座城市了解甚深，书中的几个故事也是以香港为背景的。

## 我对成功的定义

通过采取一些小行动，我已经取得大部分人认为的事业上的成功——高薪和高职位。但对我来说，成功的真正定义绝非如此。是的，钱很重要，但不是因为我要买炫酷的汽车或过奢侈的生活，而是因为我要实现财务自由。

在我看来，仅仅将收入和职位作为衡量成功的标准太过狭隘。真正的成功，是指我们在大多数时候感到满足和快乐。根据这个定义，一份职位很高的工作并非成功的保证。有的首席执行官（CEO）可能并不会感到幸福，因为他们几乎没有生活隐私，说话时也不能随心所欲，有时他们的价值观甚至会与组织利益发生冲突。

另外，我们还应该避免过于明确地将工作和生活分开。如果我们在其中一个场景下不快乐，那么在另一个场景下也不会快乐。因此我在这本书中提出，我们应当努力把个人兴趣融入工作，积极实现"工作与生活的融合"，而不是工作与生活的平衡。

## 选择适合自己的小行动

那么，采取什么样的小行动才能走向成功和幸福呢？这本书包含66条行之有效的建议，这些建议对我自己、我所教的学生以及我所指导的处于职业生涯中期的管理人员都很有帮助。本书共涉及 11 个核心主题，其中每个故事都短小简洁且内容丰富，包括如何增强影响力和打造个人品牌、如何应对挑战以及如何展示领导力等内容。各章相对独立，你可以按照自己喜欢的顺序选读，不过，按先后顺序阅读，你可能会有更多收获。

无论采用何种阅读方法，你都没必要执行书中的所有小行动。只要执行其中一些建议，就足以让你走上正确的方向。你会发现，自己采取第一个小行动后，会自然而然地采取下一个小行动，并且很快就踏上事业成功的道路。

第 1 章

# 我的职业，我做主

# 01

## 成为组合型人才

　　我经常给年轻人提供一些与职业规划有关的建议，帮助他们实现职业理想。无论他们有什么学历、从事什么工作，他们都经常问我："我应该做个通才还是专才？"我的回答是，最好不要轻易给自己定性，哪个极端都不好。

　　快速发展的技术、超出我们掌控范围的各种变化，让各行各业充满变数，你的职业生涯也将不可避免地经历动荡。你不应该成为多面手，因为各领域的知识储备都不够深厚，就意味着你容易被取代。就算你保住了工作，工资也不容易上涨。但你也不应该成为一维的专才，因为一旦行业受到冲击，你就会面临被淘汰的风险。你的目标应该是成为"组合型人才"。

　　我用快餐店的套餐来打比方。套餐里通常有一个汉堡、一包薯条和一杯可乐。汉堡就像你的王牌特长，薯条是次要专长，而可乐是你的兴趣爱好。在我的职业生涯中，我曾发展出多种套餐组合。

| 王牌特长 | 次要专长 | 兴趣爱好 |
|---|---|---|
| 工程学 | 金融知识 | 计算机编程 |
| 金融工程 | 培训 | 中国市场 |
| 投资银行 | 销售技能 | 写博客 |
| 教学 | 银行业务 | 制作视频 |
| 公众演讲 | 社交媒体 | 直播制作 |

　　我的本科专业是工程学，毕业后第一份工作在银行，那时我的"汉堡"是工程学，"薯条"是金融知识，"可乐"是计算机编程。可我不得不迅速了解金融行业，让金融知识成为我的"汉堡"。那时的我不擅社交，对外汇销售工作信心不足。老板留意到我的分析能力较强，就让我多做金融市场的分析工作。我还利用计算机编程，将金融市场分析中那些重复性的工作自动化，从而弥补自己在销售方面的不足。

　　随着事业的发展，金融工程成了我的"汉堡"，我学会了构建复杂的金融产品并为其定价。由于我乐于分享，培训变成了我的"薯条"，而对中国市场的兴趣成了我的"可乐"……所以我后来负责为中国同事讲解结构性产品的知识。

在新加坡工作多年后，我搬到了上海，之后又到了香港，为众多的中国企业和机构客户提供服务。此时，为他们提供适合的投资银行解决方案是我的"汉堡"，销售技能是我的"薯条"，我对博客的兴趣成了"可乐"。

凭借在银行的培训经验，我当上了大学兼职副教授，教学变成了我的"汉堡"。我将自己过往的银行业务经验和案例（当然，隐去了客户名字）融入我的课程里，给课堂加料（薯条），将理论与实践相结合，让学生了解金融业的真实场景。后来，我又对制作视频（可乐）产生了兴趣。随着学生们越来越愿意在线观看讲座，我的这杯"可乐"就派上了用场。

在大学的工作让我的口才得到了锻炼，我成为专业的演讲者，公众演讲成了我的"汉堡"。我开始进行大型演讲，有偿为听众讲解职业和人生规划。为顺应趋势，很多演讲都开始在线上进行，我也很好地利用了这一机会。以前，大型会议主办方用富丽堂皇的酒店吸引观众参会，当然，提供社交机会也是卖点。但线上活动则不同，主办方要凭借主讲嘉宾的声誉吸引听众。而此时，我已经在社交媒体上有了一定的影响力（薯条），这可以帮助我为视频讲座引流。我对直播制作的兴趣（可乐），又帮我提高了视频制作的质量。正因为这些才艺组合，我接到了不少演讲工作。

我们可以看到，成为组合型人才有以下三大好处。

－当把王牌特长、次要专长和兴趣爱好融为一体时，你可以持续地转换你的王牌特长，快速进入新领域。

－你比一维的专才更具竞争力。

－将兴趣爱好融入工作，你会更加乐在其中。

假设你是一名工程师，如果你具备设计能力，就会比不会设计的工程师更受青睐；如果你还喜欢摄影，就可以把它作为你的"可乐"，用照片更好地展示你的工程设计。所以，我们需要根据自己的职业理想，发展自己的"套餐"。世界变化如此之快，各行各业都有更新换代的可能。拥有自己的才艺组合，你在面对挑战时才会更游刃有余，适应各种生存环境，你在职场中的价值也更大。

做个组合型人才吧，做独一无二的你。

# 02

**拥有一份第二职业**

　　只做一份工作就想满足我们的全部生活需要是非常困难的，因为很多人想要的太多了：金钱、生命的意义还有幸福。我们白天上班，被一纸合约约束，就像并购交易中的买卖协议一样，你是卖家，雇主是买家；你出售时间和服务换来金钱。不过，这项交易里没有提到生命的意义，也没有提到幸福。指望雇主满足你的全部人生所需，这既不公平也不现实。

　　所以我会用不同的工作或兴趣爱好满足不同的需求——银行工作给我金钱，教书给我生命的意义，演讲和写作让我幸福。在各种论坛上演讲，能让我去很多没有去过的地方，了解不同的文化；而写博客给我带来了建立高质量人际关系的机会，拓展了我的人际关系。

　　为了追求充实的人生，我从事过很多不同的工作。我见过一些和我一样的专业人士，我们除了本职工作还做其他事情。这并不是要你完全退出所从事的工作、另谋出路，这种做法已经不流行了；而是本职工作照做无误，利用周末、下班后或休年假的业余时间尝试第二职业。我先来谈谈，我们为什么需要第二职业，再来说如何成功做好第二职业。

## 为何需要第二职业

### 不浪费才干和能力

很多人有多种多样的能力和天分。在我看来，把才干和智慧限制在单一领域是很可惜的。

### 获得成就感和满足感

许多行业，包括银行业、法律界以及咨询行业，都存在残酷的竞争、复杂的人际关系。即使你收入可观，也不一定能从工作中获得满足感。而一个你喜欢的第二职业，可以让你的生活更有意义。

### 扩大社交圈

发展第二职业的一个主要好处是，你有机会结识第一职业以外的人。以前从事金融工作时，我就非常喜欢与人探讨非金融类的话题，比如与营销专家谈论数字营销、与学者交流教育问题。

### 第一职业的发展也会越来越好

第二职业可以促进第一职业的发展。正因为我在大学里的工作，在客户的眼里，我不仅是金融专业人士，还是老师——这是个更令人尊敬的身份。我的一些学生还会介绍他们的老板给我认识。第二职业让你有机会认识平常很难接触到的人。比如，你不仅在一家公司任职，还开了一家餐厅，你就可以鼓励你的同事把家人、朋友带过来用餐，然后好好款待他们。

### 额外的收入

不要把赚钱当成你的主要目的。不过，有外快可赚总是不错的。

## 如何成功做好第二职业

### 从身边入手

如果你有了发展第二职业的想法，那么身边的同事就是最好的测试对象。如果他们不喜欢你的产品，你就要想办法改进。如果你想开个面包坊，你就要先看看同事喜不喜欢吃你做的面包；如果你对公开演讲感兴趣，就先在公司里找机会测试自己的演讲水平；如果你想当歌手，就可以找机会在公司年会上一展歌喉。

## 利用社交媒体宣传自己

我的经验是，在社交媒体上保持活跃有利于获得更多商业机会。我总会向我的粉丝介绍，我既是演说家、大学讲师和作家，也是金融专业人士。因此，特许金融分析师协会（以下简称"CFA协会"）等单位就会邀请我进行演讲、授课。

## 请老板支持你

跟老板搞好关系非常重要，否则有人因为你的第二职业而给你穿小鞋时你会很被动。你一定希望老板这么想："你的第二职业做得不错，本职工作也没耽误，很厉害。"我很幸运，我之前的大部分老板一直都很支持我，只有一位出于嫉妒，指责我捞外快。

## 确保本职工作优先

你的第二职业有可能成为你的全职工作，但只要你还没有辞职，无论如何都不能让公司认为你在本职工作上不尽心。我只利用年假时间进行演讲、授课，以确保老板不会认为我在消极怠工。

## 有偿并申报收入

一旦有人愿意为你的第二职业支付报酬，你就应该知道这不再只是一种爱好，它可以发展成正式的职业。我在刚开始讲课那几年，一直告诉大学的相关部门不用支付课酬，因为我是新手，另外，这也规避了向我所任职的公司合规部和人事部申报收入的麻烦。有了足够的教学经验，我决定接受报酬。虽然要经过公司要求的漫长而烦琐的审批程序，但最终证明，那些麻烦都是值得的。这些报酬说明我这个老师教得还不错。

希望你开始考虑从事一份第二职业，让它激励你，带给你本职工作无法给你的意义和幸福。

# 03

## 为信任你的上司工作

我在英国获得金融硕士学位后回到新加坡。遗憾的是，我回来时刚好遭遇亚洲金融危机，就业市场突然收缩，我不得不放弃成为金融工程师的计划。

我猜想金融机构在那次危机中意识到了风险控制的重要性，决定申请风险管理职位，不久便拿到两家银行的工作机会，其中一家银行规模更大、知名度更高。但最后，我选择了规模较小、职位略低于我的期望的银行。为什么我会选择看起来稍逊一筹的公司和职位？因为我认为，在这家规模较小的银行，我的上司普拉撒纳（Prasanna）会为我的职业长期发展提供支持。后来证明，我当初的判断是正确的，他的帮助果然为我的事业发展打下了坚实基础。

## 为信任你的上司工作的诸多好处

求职时，如果你无法进入理想公司，那就找信任你的上司，不要考虑职位和公司规模。为这样的上司工作有哪些好处？

### 你会更愿意尝试新事物

信任员工的上司会鼓励员工大胆创新。当年在普拉撒纳手下工作时，我在一个金融衍生品行业杂志上发表了一篇关于银行资本的文章。当时的我只是一名相当初级的员工，我哪来的勇气做这件事？因为我得到了上司的支持，我知道如果自己因为这篇文章受到批评，他一定会力挺我。如果你的上司不支持你，你就会变得谨小慎微、害怕冒险，只会不断重复同样的工作，直到被淘汰。

### 你会更享受工作

上司信任你时就会看到你的长处，让你尝试有挑战性、锻炼人的工作。这样，你工作时就会充满干劲，每天都会心情愉快地上班。普拉撒纳发现我会 VBA 编程，就安排我搭建一个风险管理监控的表格程序，用于管理银行新建立的奇异期权交易台。我特别喜欢这项额外的任务，因此对本职工作更有热情了。

13

## 你会获得更多的发展机会

我获得金融硕士学位后在伦敦找工作失败才回到新加坡，那时的我从未想过我会在一年内回到伦敦。普拉撒纳认可我的能力，把我借调到伦敦 6 个月。之后，我又在香港待了 6 个月。对普拉撒纳来说，这并不是一个容易的决定，因为这种借调机会非常抢手，他本可以把机会给别人，况且在我不在的这段时间里，他还要安排其他人顶替我在新加坡的岗位。多亏了他，我走上了国际化的职业发展道路。普拉撒纳辞职时，我湿了眼眶，因为他对我的人生产生了巨大的影响。

在我们的职业生涯中，许多人更看重薪资待遇和公司品牌，其实拥有一个信任自己的上司更为重要，因为你可以更自信地成长，有更多的机会发挥潜能。

## 怎样逃离"坏上司"

虽然我们都希望有一个支持我们的上司，却不一定能得偿所愿。在整个职业生涯中，如果能碰到一两个好老板，就算是福星高照了。上司不支持我们的原因有很多，我无法传授所有解决方案。不过，我可以告诉你，离开"坏上司"的方法不是辞职，而是找到在公司内部调动的机会。如果因为不喜欢直接上司而换工作，那么在下一家公司你可能还会碰到这一问题，甚至可能遇到更严重的问题。

## 给其他部门帮点忙

你可以经常给其他部门的同事帮点忙，让他们对你产生好感。一旦他们的部门有空缺，他们可能就会通知你。如果你休假时刚好要去某个有公司分部的城市，不妨顺便去和那里的同事打个招呼。与公司的不同部门建立联系，有助于你获得内部转岗的机会，这样你也就有机会离开现在的上司了。

## 与上司的上司建立良好的关系

你的直接上司可能会觉得你和你的业绩会对他构成威胁，但比你高两三级的上司就不会有这样的担心，因为他们的级别更高，你做得再好也威胁不到他们。与他们建立牢固的关系很重要，因为他们更了解公司战略并负责战略执行。如果合乎公司发展计划，他们有权把你分配到另一个团队。如果公司高层中至少有一个人支持你，在你与直接上司产生矛盾时，你会更有信心面对和处理问题，你在公司就能待得更久。

记住，在公司活动上，你要主动与高层交谈。如果他们从海外来访，你可以提出当他们的导游。为了有机会与高层接触，你应该培养一些拿手的技能，因为如果你的直接上司在场，他们通常不太会与你谈论工作。但如果你会制作培训视频，又在公司小有名气，那么他们要拍视频时就会找你。在银行职业生涯的早期，我是苹果公司产品的忠实粉丝，只要银行有人想买苹果电脑，就会来问我的意见，我甚至去过一位高级经理家中教他使用iMac。可见，我的招牌技能让我在银行里广结好人缘。

## 保持良好的表现

有一个糟糕的上司并不能成为你表现不佳的原因。不管上司如何，你的工作质量不能下降，否则公司可能会解雇你。你要有耐心，等待机会。即使没有内部转岗的机会，你的上司也可能辞职、升职或被调到其他团队。除此之外，如果你工作出色，你的上司会逐渐认识到你对团队的价值，你们的关系也可能好转。

## 接受职位前先了解上司

我会尽量选择为我见过的、喜欢的和尊敬的人工作。不过我们不一定有这样的机会，尤其是在进入职场的初期。在应聘时，许多人急于获得工作机会、确认薪酬和职位，却忘记了解上司。要记住，面试时要向你未来的上司提问，尽管他们可能表现得很好，不会暴露真实性格。如果很想知道上司的真实情况，那么你应该和与他共过事的人谈谈。你的上司会对你进行背景调查，所以你调查他们也理所当然。即使你别无选择，只能接受这份工作，你至少要知道自己即将面对什么，知道如何与新上司相处。加入团队前，你要清楚自己应该对上司有怎样的期望。

你一旦进入角色，就要搞好公司内的人际关系，经常在各部门间走动。如果没有处理好与上司的关系，你就需要公司里的其他人帮你找另外的机会。

# 04

## 做自己的 CEO

我愿意把自己看成"沈氏咨询公司的 CEO",这个公司只有一名员工:我。我工作过的公司被我看成"客户"而不是雇主,我为他们工作,付出时间,提供服务,他们付给我的是"咨询费"而不是工资。有了这种提供咨询服务的思维方式,我的工作动机就与把自己当成雇员时完全不同。把自己想成 CEO 时,我考虑的是如何与我的"客户"建立长期的合作关系,因此,即便是一些从严格意义上讲不在我的职责范围内的工作,如组织公司活动、代卖其他部门的产品,我也很愿意去做。这些工作虽然不是我的本职工作,但有利于我与"客户"建立良好的关系,未来会给我带来新的机会。如果你想当自己的 CEO,你就要准备好自掏腰包进行自我提升。你不能总是指望公司送你去参加那些可以提升工作技能或者有助于了解行业动态的培训。另外,大公司也有可能在文具这类微小的开支上斤斤计较。我用的笔基本上都是自己买的。我的一位同事因为工位上方的灯光比较暗,就自己花钱买了盏台灯。

然而，我遇到的很多专业人士都不愿意自己负担与工作有关的开销，哪怕只是一个鼠标垫或是让自己坐得舒服些的搁脚板。因为他们采用了员工思维，而不是顾问思维，他们认为与工作相关的一切都应该由公司提供。

在职场上遇到困难时，CEO 心态就会派上用场，你会愿意花费自己的金钱和时间来克服困难。我分享四个案例来说明这一做法的好处。

## 改变我一生的训练营

在职业生涯之初，我的人寿保险代理人向我提起，他和公司数百名代理人要去马来西亚参加一个激励训练营课程。该课程的主要内容是如何在面对拒绝时保持韧性。他说，这个课程会让任何一个人成为"超人"，能够承担看似不可能完成的任务。这个培训听起来很棒，我知道从长远来看，它对我很有好处，但这与我在风险管理方面的初级工作没有直接关系，公司不会赞助我。可我戴上了"沈氏咨询公司的 CEO"的帽子，所以我让代理人为我报了名。我自付培训费，请了 5 天年假去参加这个培训。这笔钱花得很值，这门课程为我以后的职业生涯打下了坚定的基础：

它提高了我的团队合作技能，让我更有韧性、更好地应对拒绝和变化。

## 杰克的麻烦邮件：设法将麻烦变成机会

杰克所在的公司是英国四大会计师事务所之一。有一次，一个很重要的美国客户让他处理一些紧急的事情。而杰克手头上还有其他客户的工作，他决定先不处理这个突如其来的新任务。他向上司写了一封措辞优美的邮件解释了自己的理由。上司理解他的决定，但是杰克犯了个大错误，他不小心把邮件抄送了美国客户。杰克吓坏了！他两个晚上都没睡好。公司也没有帮他解决麻烦。

杰克来找我，让我给他点建议。我对他说，假设自己是"杰克咨询公司的CEO"，与其作为一名员工等人来救，不如"CEO杰克"自己设法将麻烦变成机会。我建议他休2天年假，自掏腰包买一张飞往美国的机票，亲自去对客户说声"对不起"，客户会看到他的诚意。杰克还考虑买个小礼物，给道歉增加点分量。

最终，客户对邮件的反应并没有杰克担心的那样大，所以他也没必要为了道歉而专程去趟美国。一想到还有办法可以解决问题，杰克就放下了巨大的心理压力，可以踏实睡觉了。通过这件事，他明白了愿意花点钱解决问题是非常值得的。现在，杰克还在这家会计师事务所为这个客户服务。

## 去上海办一场"秀"：高兴地接受挑战

有一次我的区域总经理问我："愿不愿意帮助银行协调一个为期 3 天的外场活动？"该活动是为亚洲一些最重要的企业客户的首席财务官（CFO）举办的。我在新加坡，而活动在上海举行。这个任务并不容易，包括组织培训、旅游远足，还有一场盛大的晚宴，我们银行的高管和亚洲各地的 30 名 CFO 都会参加。为了不影响我的本职工作，我只能在业余时间推进这个项目。但作为"沈氏咨询公司的 CEO"，我很高兴地接受了这一挑战，因为我意识到这会为我带来长远好处。我们在职业生涯中总是一分耕耘一分收获的。

我饶有兴致地开始开展这项工作。我搜索了老上海的音乐，找到了一张名为"上海爵士乐"的 CD，是 20 世纪 20 年代经典歌曲的现代演绎版本。其中的曲目令人着迷，激发了我利用这张专辑中的音乐策划 CFO 晚宴的灵感。我请来一位当地的爵士乐歌手在晚宴上表演，晚宴变成了一个迷人的爵士乐之夜。每位客人都收到了一张作为宴会礼物的 CD 和一套在宴会上穿的唐装。

那天的宴会非常精彩，为公司的客户活动树立了新标杆。客户的反映极佳，客户关系得到了巩固。从中，我不仅能学到如何组织客户活动，还能认识来自多个亚洲国家和地区的银行销售主管，所以花时间和心思安排这一切是非常值得的。

## 吴琳有个怕事的上司：自己出钱购买线上服务

吴琳是一名资历尚浅的金融工作者。疫情防控初期，她自告奋勇帮助团队安排一场 Zoom 视频会议。Zoom 提供的免费接入服务时长只有 40 分钟，为了省去会议超时后重新拨入会议的麻烦，吴琳问她的上司能不能花费 45 美元[1]购买 3 个月的服务。上司回答，他要问问他的上司，因为按照公司费用政策，会议费用不包含为视频会议付费。在这种情况下，吴琳的上司应该戴上"他的 CEO 帽子"，让吴琳马上用他的信用卡购买服务。即使之后他无法报销这笔费用，花 45 美元就能让团队成员的交流更方便，也是物超所值的。在我看来，如果管理者连这样的决策都做不了，那么他就是不称职的管理者。

你的雇主关心的主要是公司利益，所以你就不要用一些个人需求去麻烦他，就算你这么做了，你也可能要等很长时间。作为

---

1　约合 285 元。——编者注

自己的 CEO，你可以自己花钱购买一些线上服务、小工具和培训课程，解决职场上出现的问题。看到对工作有帮助的产品或服务就去买吧，不要担心你的上司是否会报销这笔费用。

现在与创业公司有关的炒作很多，但并不是只有创业才能管理好职业生涯，像 CEO 一样思考，在为公司工作时经营着自己的业务，做决策时可以更大胆、更具创新性，这就等于自我创业。用 CEO 思维工作，你的工作就有了不同寻常的意义，你就获得了更大的自主权，工作时就会更有成就感。

我有个粉丝爱德华（Edouard），他是位法国人。最近他来信说，看了我的文章并决心做自己的 CEO 后，他的职业发生了积极的改变。其实，他只是转变了心态而已。

以下是爱德华的来信内容。

---

### 爱德华的来信

2019 年，我在工作中经历了许多起起伏伏。我对上班毫无兴致，没有方向，不知道要往哪儿走。我不知道怎么才能融入公司。简而言之，我迷失了。我过分关注工作中那些我不喜欢的方面，而不再关注从中学到什么。我清楚地记得那段开始偶尔在家工作的时间。我受够了总要去办公室——每天坐在同一个工位上，看同样的东西。尤其是我这个工种的特点是独自工作，所以我可以几天不与人说话。但如果我不

---

（续）

在办公室里工作，又感觉自己好像不是公司员工。我觉得自己像个独立的顾问，自己决定什么时候去吃午饭，远程办公，偶尔去一趟办公室。但是，我不太肯定这种"顾问的感觉"是否正常。这难道不会让人觉得我不关心公司，不愿融入公司吗？正当我困惑时，我读到了沈先生的文章，他在文中谈到自己如何让工作变得更能让人接受。文中一个副标题就是"做自己的CEO"。

我突然轻松了！我的思想立刻从消极和自我怀疑变成了自信和兴奋。我开始以一种昂扬的心态对待琐碎的工作；告诉自己，无论对这些工作的感受如何，我都要不负所托，完成"客户"（我的雇主）交给我的任务。我发现自己的日子要比一个真正的顾问好过得多，至少我不需要追着别人付款或担心项目被取消。我要担心的就是如何完成工作，而不用分心处理其他事情。

这种心态帮助我改善了工作态度，也让别人看到了我的工作态度。我现在很乐意自愿承担额外的工作，分享和执行新想法时也更加积极主动。最终，我的新态度强化了我的领导风格。现在的我不再抱怨，不再消极处事，而是充满能量，帮助他人、推动别人。这种小小的心态转变，这个小行动，大大地帮助了我。

# 05

## 良机总是出现在不方便的时候

在上海和香港两地待了 4 年后，我回到新加坡的家人身边。新加坡是我的家，我在这里的工作和生活都很舒适。我觉得我在国外待的时间太长了，在外租住公寓的生活让我感到厌倦——在墙上挂张照片都要经过房东的允许。于是，我一搬回新加坡的住所，就将房子重新装修了一番。我还买了 1 辆车，准备久居新加坡。

我在新加坡的生活很顺利，直到回来后不到 2 年，一家国际投资银行（以下简称"投行"）想聘请我去香港工作。这家投行的平台更大，产品线更广。我有机会参与大型交易，有机会面见更大规模公司的总裁，并且也有更多的机会接触大中华区项目。我还认识这家投行的几位高层，这对我适应新的工作环境大有助益。

但是我刚回新加坡不久，不太想这么快又搬家。因为这个岗位服务的是整个亚洲地区的客户，所以我试图说服招聘经理把我的工作地点设在新加坡。我向他保证，我可以每隔一周飞往香港一次。但他说："不行！"于是我出租了新加坡的公寓，卖了车，又搬回香港，接受了这份工作。事实证明，他是对的：我们的生意大多来自大中华区，常驻香港节省了很多时间。我又在香港待了7年。我很高兴做了这个决定，我因此与许多特别出色的人共事，这段经历塑造了我的事业和人生。

## 马总重拾教鞭

每隔几个月，我都会举办小型酒会，通常是在周五晚上，我会邀请朋友、同事和前同事一起聚会，让大家互相认识。有一次，前同事李嘉伦来参加聚会，他还带了自己的好友马埃文。马埃文是一家地产基金的总裁，掌管70亿美元的基金。他得知我在大学讲课，便透露自己对教学也很感兴趣，10多年前他曾利用业余时间教书，但最终因工作放弃了这一兴趣。我能感觉到马总对再去教书有强烈渴望。

这些年来，我遇到过很多像马总这样的人。我知道，虽然对教书感兴趣，但他们通常疏于努力或信念不强。所以，我对马总做了个测试。刚好那个周日我要去新加坡国立大学讲课，我邀请他到场做个15分钟的客座演讲。我知道他是一家大公司的总裁，估计会跟其他来找我的人一样推脱说自己很忙。

他说他会考虑一下，我心中暗想："果不其然！"马总接着向我解释，周日这个时间不太方便，他必须帮助儿子准备小学毕业考试。这是一场改变人生的考试，影响了许许多多12岁新加坡孩子的命运，考试结果决定了这些孩子上哪所中学。马总必须在自己的教学兴趣和儿子的前途之间做出抉择。周六傍晚，他给我发短信说他和妻子调整了辅导儿子学习的时间安排，他可以参加我的讲座，并用10～15分钟讲一讲他作为基金经理的职业生涯，以及他招聘员工时看重哪些人才素质。

他的演讲大获成功，学生们十分喜欢。他把这件事发布在自己的社交媒体上。好几所大学得知这位资深金融专家喜欢教书后特别高兴，马总很快就收到了另外3所大学的授课邀请。如果不在最后一刻决定不怕麻烦并协调周日安排，那么他可能不会重燃教学热情，当然也不会那么快接到诸多演讲和教学邀请。

不是所有人都能像马总那样抓住稍纵即逝的机会。更常见的是，机会出现时我们会找借口推脱："等我有时间或者更有把握时再去做吧。"但是，从来不会有一个完美的时机。如果我们拖得太久，那么机会可能永远不会再有。在经济低迷时拒绝海外转岗的机会，你可能后悔莫及；待到市场环境转好时再行动，你可能就没机会了，因为大家都是这样想的，岗位竞争就加剧了。

　　如果当年我不愿意搬去香港，就无法获得如此广阔的视野，也就无法定期在社交媒体上发表文章；如果我不写文章，就没有今天这本书了！良机常常出其不意。

# 06

## 试着把兴趣爱好融入工作

　　即使是一份理想的工作，有时也会令人不快。上司不讲理，同事很讨厌，还有职场人际关系问题，这些都会让人心力交瘁。有些工作单调、无聊，也有些行政工作很耗费脑力。有些情况你觉得忍无可忍，比如直接上司转发邮件时总在邮件上方加一个"？"，比如心怀不轨的同事想要撬走你的客户、窃取你的业绩。这种时候，你会不会有辞职的冲动？

　　但是，即使你离开了这家公司，也不能保证下一家公司的同事比这家的好，更不能保证新的工作会有趣、不枯燥。如果你工作时情绪低落，我建议你等待 3 ~ 6 个月，观察情况是否有所改变。我们不开心时往往无法做出理性的决定，因为我们往往会拿当下的负面状况与新环境可能带来的好处做比较。

　　你要做的是采取积极的措施改善工作状况。有个很好的方法是，把兴趣爱好带入工作，让工作变得更有乐趣。每个人喜欢的事情都不同，我无法列出确切的清单，告诉你哪些事情有助于调动工作积极性。但以下是我的 7 点经验，希望能激发你的思考，帮你找到自己的兴趣爱好，并把它们融入工作。

## 教学

通过举办研讨会，我们可以教授同事新技能和产品知识，与同事建立亲善的、彼此信赖的关系，为未来的合作奠定基础。公司是你的绝佳平台，因为你拥有愿意洗耳恭听的听众、现成的场地，并且上司一定特别支持你分享知识技能。你不用被动地等待机会，可以主动询问组员有无兴趣了解你的专业领域。如果刚开始时你不太有把握，就先从一个小组着手。

## 美食

如果你热爱美食，那么可以利用工作便利丰富你的美食经验。和同事外出就餐时，你可以探索新餐馆和各式菜肴，或者带他们去你新发现的餐馆品尝美味。由于工作需要，我出差去过很多亚洲的城市，我经常让当地同事带我去街头小吃摊，品尝正宗的当地美味。我一边开展业务，结识了新同事，一边还了解到许多地方的饮食文化。

## 社交

工作是结识新朋友的理想平台，但不要坐等机会出现，你要积极主动些。你可以举办社交活动，邀请同事和客户参加。比如，你可以组织大家一起喝酒或吃午餐，把不同背景的人聚到一起，让他们在这种社交活动中互相交流，分享信息或想法，这很可能会为你和其他同事带来新机会。你还可以把同事介绍给朋友，把年轻人引荐给高管，让网上结识的朋友和生活中的朋友相互熟识，让自己和别人的社交圈及生活都丰富起来。

## 创作

我一直很喜欢有创造性的工作，只要有可能，我都会把自己的创造力融入工作。在我还是新进员工时，有一次要为客户制作幻灯片，我用苹果 Keynote 设计演示材料，并在自己的苹果电脑而不是公司的标准笔记本电脑上演示。那时苹果电脑还不常见，我的创意设计和动画制作让客户大开眼界。这次尝试不仅为公司赢得了生意，还建立了良好的客户关系。要有创新精神，多关注流行趋势和下一个可能走红的科技产品，这些说不定什么时候就会帮上大忙，为同事和客户提供最新体验。

## 摄影／摄像

现在几乎人手一部带拍照功能的智能手机，每个人都有机会成为摄影和摄像新秀。我们为什么不主动申请承担公司或客户活动的摄影、摄像工作？同事当你的免费模特，你可以拿他们练手，他们拿到你拍摄的视频和照片时也会很高兴。

## 锻炼

如果你喜欢锻炼，也经常出差，可以把二者结合起来：每去一个城市，你都可以边跑步边探索有意思的地方。在商务旅行时，一边欣赏风景，一边坚持健身，这种做法非常实用。我有时会邀请海外客户同我一起跑步晨练，而不是吃饭。有一次我去悉尼拜访客户，同事和我利用午餐时间一起游泳。当然，也不是一定要在出差时把健身融入工作。有些人更喜欢集体活动，比如和当地同事一起赛龙舟或者跑马拉松。

## 写作

除了教学，写作也是一种可以整合工作内容的知识共享活动。你可以就某个特定技术领域写点文章，在社交媒体上发布，甚至可以在行业网站或杂志上发表。很快，公司内外就会视你为这方面的专家。我知道有些律师事务所特别鼓励他们的律师在网络上表现得活跃些，增加在客户圈中的曝光率，希望借此吸引更多的业务，职业生涯初期我在一个行业杂志上发表过文章，如今我定期在社交媒体上发布文章。起初，我写文章时也颇感困难，不大喜欢写，后来收到一些读者的好评才产生了兴趣，爱上了写作。

　　我建议你将一些兴趣爱好融入工作，最好从进入职场初期就开始。你在工作场所展露的兴趣爱好，可以帮助你在同事中建立好人缘。如果你能在工作中找到乐趣，进而精力充沛地面对工作，你就能渡过上文所述的那些难关，单调琐碎的工作也将不再难熬。

## 第 2 章

# 利用社交媒体树立个人品牌

# 07

**你有招牌菜吗**

　　每家口碑不错的餐厅都有一两道既能吸引回头客，又能让顾客口口相传的招牌菜。

　　在香港中环有家罗比雄美食坊法式餐厅，这是我招待客户时经常光顾的一家餐厅。已故的若埃尔·罗比雄先生是个法国人，是位颇具传奇色彩的主厨和餐厅老板，2016 年时他获得 32 颗米其林之星。他的餐厅有许多著名的招牌菜，其中一道鱼子酱开胃菜的特别之处在于，它是用 72 个均匀分布的花椰菜泥装点的。但最受欢迎的一道菜却是土豆泥。罗比雄将冻黄油和热土豆按 1∶2 的比例混合在一起，大力搅拌后，呈现一道蓬松、丝滑的美味。猜猜它要多少钱？免费！只要你点主菜，就会获赠一份土豆泥。

　　当然，罗比雄免费赠送土豆泥并非不图回报。"我的一切都拜这些土豆泥所赐。"有一次，他在展示如何制作他的经典菜肴时说，"招牌土豆泥会给顾客带来一点点怀旧感，把初来乍到的人变成常客。"人们还会热心地帮忙宣传，吸引更多人前来就餐。免费土豆泥也是特别有效的拓客工具，因为它迎合了大多数人的口味。

罗比雄的菜单上什么最赚钱？葡萄酒——具体而言，是红葡萄酒。售卖红葡萄酒有几个好处：几十瓶酒很容易储藏；餐厅不用担心竞争对手抄袭食谱；还有，它几乎不需要时间就能准备好。

红酒和招牌菜的例子不仅适用于餐饮行业，我们也可以借鉴，将之应用于我们的职业生涯。我们在学校和工作场所学到的技能大多是"红酒"，是完成日常工作所需的基本技能，你和你的上司可以轻松使用，就像服务生从酒架上拿下一瓶红酒一样。在银行业和咨询业，初级职位的"红酒技能"可能是金融建模或准备一份竞标书。在计算机工程行业，"红酒技能"就是知道如何开发一款应用程序。

尽管"红酒技能"可以让你出色地完成工作，但它不足以帮助你获得职业提升，因为团队中的其他人也有"红酒技能"。这就是为什么你还需要招牌技能（罗比雄土豆泥）来吸引新机会和建立新关系。这些技能不需要花很多钱就能获得。比如，你的文笔好，可以帮同事写很精彩的内容发布到社交媒体上；你会制作视频，可以帮他们制作培训视频。

我在职业生涯的不同阶段都有一些不同的招牌技能，我知道不断进步、不能停滞不前的重要性。20 世纪 90 年代中期，我在新加坡的一家亚洲银行从事外汇销售工作。我用外汇知识为银行创收，就像红酒为餐馆赚钱一样。我的"土豆泥"是编程，那时候没有多少前端工作人员了解编程。我用大学时学到的 C++ 语言给外汇掉期定价编了个程序。虽然银行并没有额外付钱给我，但我这个新进员工因此引起了别人的注意。上司想在部门内推行流程自动化时，就找到了我。

后来我跳槽到一家区域银行，风险管理是我的关键技能，即我的"红酒技能"。那时我还开始为金融出版物撰稿。我写的一篇关于银行资本金的文章为我赢得了金融市场总经理的现金奖。发表技术文章成了我的新"土豆泥"，它提升了我在公司内的形象，高级经理也通过阅读我在行业杂志上发表的文章认识了我。

在 2000 年后的大部分时间里，我都在一家美国银行工作，我有了两项新的招牌技能：摄影和培训。我最初在新加坡分行负责亚洲客户风险咨询业务，资深的同事经常邀请我给他们团队和客户做培训、为外场活动拍照。这让我与好几个国家的销售主管建立了很好的关系。

2005 年，总部想把我调到香港，但我更喜欢上海，因为这里的金融市场前景广阔。幸运的是，我积极开展培训课程，认识了国内的销售负责人，于是我打电话给他："莫总，我帮您做过员工培训，还帮您的客户活动拍过照。我能不能过来给您打工？"他欣然同意。我搬到了上海，成立了金融衍生品小组。那段时间是我职业生涯的高光时刻，我见证了中国银行业的开放以及人民币与美元脱钩。我能得到这份工作，除了归功于我在金融衍生品设计方面的"红酒技能"，也有我的"土豆泥技能"的功劳。

招牌技能应该存在于你感兴趣的领域，这样才容易掌握，让同事、客户和朋友受益。这项技能还应当在公司里是独一无二的。如果我在一家科技公司工作，而不是在银行工作，那么C++语言编程知识就不可能是我的招牌技能，因为其他同事也会编程。

与罗比雄土豆泥类似，你的招牌技能可以是一个简单的、可以快速掌握的小技能，但它最好对很多人都适用，包括高管。新型的社交媒体在流行，你可以去了解它们的运用和算法，教朋友和同事使用，这样，对此感兴趣的高管就会找到你。

但请记住，如果你周围的许多人都掌握了这项技能，那么它就不再是你的招牌技能了，你就需要学习下一项技能。多多关注新趋势吧，其中很可能就有你的下一个"土豆泥"。

# 08

**橙色**

　　刚进入职场时，有一次我去参加一个活动，有人介绍我认识一家小地产中介的老板马丁。这是我3年中第三次见到他，但他完全不记得以前见过我，即使刚刚介绍过，他对我也不太上心。对于没有精英背景的小人物，他的态度看起来有点倨傲。

　　尽管我不喜欢马丁的态度，但我也没怪他记不得我。人们有很多重要的事情要记，记不得名字、认不得许多张脸很正常。为什么他一定要记住我这个样貌一般的普通人？我当年只是个资历尚浅的银行员工而已，没什么人际关系方面的资源，也没什么资本。

　　不仅马丁这样健忘。在我上学期间和工作初期，我一般都能记得别人，可别人往往不记得我。这种情况在我开始几乎每天都穿同样颜色的衣服后才慢慢发生变化。我上班穿白衬衫、蓝西服。起初，我这样的穿着并不是为了引人注目，纯粹是为了方便；不过后来我一直如此，就发现一致的穿衣风格有助于让别人记住我。

几年前我刚从中国搬回新加坡时，常与朋友、客户和前同事们去一家独立的咖啡馆聚会。咖啡馆位于中央商务区，就在莱佛士坊地铁站上面。第一次去时，我与咖啡馆经理达里尔简短地聊了几句，夸赞咖啡馆很独特，三面都是玻璃墙，顾客可以看到外面环绕的绿地以及办公楼等。一周后我又去了那里，达里尔和我打招呼"嗨，文才"。他竟然记得我的名字，这让我很惊喜。我们上次很简短的闲聊可能起了点作用，但是达里尔每天要和数百位顾客寒暄，他记得我的原因更有可能是我两次都穿着我的标配服装——白衬衫、蓝西服。

如今我把我的西服、衬衫搭配看作个人品牌形象的一部分，这个标配深入人心，以至于人们偶尔看到我穿了不一样的衣服还会感到吃惊。有一次我碰见一位前同事，我们刚聊了没几句，他就问："你今天怎么没穿蓝西服？"这让我想到，想打造个人品牌、让别人记住你，需要做到始终如一。你不能指望别人记住你，尤其是在社交场合，每个人都在尽可能多地见人，越多越好。你需要想办法让他们记住你，所以，你要与众不同，并且保持一致！

一件特别的服饰，比如女生佩戴一件抓人眼球的配饰，男生系一条引人注目的领带，都可以强化个人品牌特征，让人在人群中更易被识别。我一直喜欢橙色，橙色已经逐渐成为我个人品牌的一部分。有一次我要参加一个社交活动，想在衣服上搭配一点橙色，就向前同事詹姆斯求助。他是一位艺术推广人，非常有创造力，也是一位负责海运业的资深银行从业者。他用自己的缝纫机给我做了一块西服方巾，一边是纯橙色，另一边是蒙德里安的主色方块设计。这块方巾插在西服左胸口袋特别醒目，给人一种很有活力的感觉。

除此之外，我还制作了很多橙色的物品。我创办的公司的标识是橙色的；我的名片采用了非常醒目的橙色；我订购了多支橙色的圆珠笔，上面印有我的电子邮箱地址，如果客户开会时忘记带笔，我就送给他们一支。

个人品牌的一致性不仅体现在视觉元素上，还体现在与你相关的内容上。在过去几年里，从线下到线上，我定期在很多地方就职业规划和人生技能做演讲。尽管也会有人请我就投行业务进行演讲，但我不愿意在演讲时谈论投行业务。因为我这几年一直从事教授职场技能的工作，"一个职业规划和人生技能的演讲者"是我个人品牌的一部分。在一致性这一点上，我已经做到极致：无论何时旅行，我都住在同一家连锁酒店；无论住在哪个城市，我都会购买同一品牌的汽车。

建立一个强大而一致的个人品牌（包括但不限于你的着装、喜欢的颜色或喜欢谈论的话题），有助于让人们了解你是谁、你的个性主张。另外，除了线下，我们还必须在网络上，尤其是在社交媒体上树立良好的个人品牌形象。

# 09

**善用社交媒体**

我的一个朋友入职一家顶尖的国际投资银行，担任TMT[1]的副组长。他在招募团队成员时，有一个初级分析师的职位，问我有没有合适的人选可以推荐。这家银行的薪资待遇不错，福利也很好，是很多商学院学生梦寐以求的理想公司。

我认识一位很有才华的年轻人，名字叫徐越强，很适合这个岗位。他听过我在北京一所大学的演讲。我估计他应该很快就能取得金融硕士学位。

我想问问他有没有找到工作，但不管我在手机上怎么找，都找不到他的名字。我清楚地记得自己添加了他的联系方式。我的手机上有大概5000个联系人，无法逐一查看。后来我想起另一所大学的一位学生，她有非常出色的演示技巧，可能也适合这份工作。我找到这个学生，将她推荐给了朋友。她参加了面试，一

---

1　电信、媒体和科技行业组。——译者注

周后就获得了这份工作。

2 个月后，我突然想起徐越强的网名不是徐越强，而是"一片海"。认识徐越强的那一天，我一讲完课，就有好几位学生向我要联系方式，我刚把手机拿出来，就有很多学生（包括徐越强）扫了我的二维码添加好友，当时我没有及时备注名字。

徐越强至今还不知道自己错过了一个很好的工作机会，更不知道原因是自己在社交网络上没用本名。

如果你想让别人更容易记住你，可以考虑用本名做网名或使用本人的照片做头像。在我的联系人名单中，有 3 个人名叫"Yan"、5 个人的名字只是一个字母"Y"，所在地区写成"冰岛"的有 33 位。资深专业人士的联系人较多，填写真实的个人资料更容易让他们在长长的名单中找到你，你也会给人留下一个比较值得信赖的印象。

## 小丁成了中新文化交流的桥梁

我再来讲讲大学生丁士钊的故事。他出生在中国，16 岁时移居新加坡。刚到新加坡时，他非常努力地学习英文，英文水平也逐渐提高了。有一次，他来参加我的大学讲座，我与他交谈，发现他对自己的英文能力仍然没有信心。我鼓励小丁大胆点，写一篇他擅长领域的文章，比如与中国文化有关的内容。于是小丁在社交媒体上发表了一篇与中国文化有关的文章。这篇文章的质量很高，但读者反响平平，小丁很失望。

我告诉他要持之以恒，做一个在中国和新加坡之间建立联系的人。几个月后，他所在的大学看到了这篇文章，就其生活背景和职业抱负对他进行了采访，并将采访刊发在校园网站上。小丁由此从一个害羞的、对英文不自信的年轻人，成长为被他的大学认可的学生。在网上发表第一篇文章只是一个小小的行动，却大大地增强了他的信心。现在小丁可以继续利用社交媒体发挥自己的优势，进入职场时，他得以进一步树立自己作为"中新文化交流的桥梁"这一独特的个人品牌形象。

## 威廉真正的兴趣

威廉是一位中级金融专业人士，他通过我的一个前同事认识了我。他当年以全班第一的成绩毕业。我认识他时，他已经在当地一家小型资产管理公司工作了 7 年。威廉想出人头地，让我给他点建议。他还告诉我，他很喜欢指导和帮助大学在校生，但觉得自己的影响力太小。我建议他制作一些短视频，发布在关注职业发展的社交媒体平台上。

威廉一开始有点怀疑，但他还是拍摄并发布了短视频。不到1个月，一所大学的职业发展中心就通过社交媒体找到他，请他担任学生的职业顾问。

大约1年后，他告诉我，他得到一家一流国际银行基金经理的职位。他说是因为他曾经辅导别人进行职业规划，才成功拿下了这份理想工作。我有点不解，于是他解释了事情的经过。威廉应聘的这家公司的招聘经理想招一名能够培训初级员工的基金经理，而威廉此前兼任大学职业顾问的经历提供了清晰的佐证，说明他喜欢辅导别人。威廉认为，作为基金经理，其他应聘者的经验可能比他丰富，而且他们都来自规模较大的金融机构，但没有人表现出对培训年轻人真正感兴趣。威廉当初在社交媒体上发布关于职业发展建议的视频，让他获得了一个理想职位。

积极地在社交媒体上展示你的兴趣吧，让自己与众不同、脱颖而出。

## 洪安琪一夜成名

我在香港工作过的最后一家银行有投资银行部和私人银行部。投资银行部的业务是帮助企业和机构客户从资本市场融资；私人银行部的业务是管理大客户的个人财富。当时我在投资银行部工作，但经常和私人银行部的同事一起服务客户。

我们合作处理的最常见的业务是股票质押贷款。我们向上市公司的大股东提供贷款，客户将公司的股份抵押给银行。我负责分析股价、风险并设计贷款结构，而私人银行部的客户经理负责维护客户关系，客户经理的助理协助处理一些行政事务。

其中一名助理名叫洪安琪，是位寡言少语、工作勤奋的年轻女士，为人非常可靠。也许是因为性格内向，她在公司工作了5年多，可团队之外几乎没有人认识她。2014年，在"沪港通"宣布成立一周后，她写了一篇关于投资者如何把握这一契机的文章，发表在自己的微信朋友圈里。文章很快在私人银行部的同事间转发、传阅，最后被几位银行高管看到。他们对她的知识储备和写作能力印象深刻。安琪的队员也对她刮目相看。一夜之间，她因为一篇文章在银行内广为人知。第2年，她获得了晋升。

无数人利用社交媒体让自己的生活发生了巨大改变，洪安琪、威廉、丁士钊只是其中的3个。这3个人起初都不愿意把自己的观点放在网络上，但现在他们都庆幸自己当初勇敢地踏出了第一步，因为和我一样，他们看到了社交媒体真实的影响力。

我希望你也能充分利用社交媒体的力量。下面我将针对如何利用社交媒体提供一些建议，包括如何撰写有影响力的文章。

# 10

**保持自己品牌形象的连贯与统一**

　　你的内部品牌形象本质上是公司里的人对你的看法，通常在你工作的第一年就已经形成。不管你的同事最初认为你是足智多谋、富有创造力的，还是效率低下、无才无能的，印象一旦形成就很难改变，洪安琪的前期经历就可以反映这一点。在日常工作中，如果你几乎无法提升自己的内部品牌形象，那么通过有策略地使用社交媒体改变外部品牌形象，你仍然有机会改变你的内部品牌形象。我来讲一个我自己的例子。

　　有一次我和老板一起去和客户开会。对方是一个很重要的客户，正计划在交易所上市。老板知道这位客户很敬重大学老师，所以他把我介绍为"沈教授"。当时，客户笑了，因为他觉得一位资深银行家根本没有时间和意愿去教书。老板立马让我拿出我在大学兼职的名片。我很惊讶，老板那么殚精竭虑地跑业务，却还能记得我的副业，而且他能想到用这个头衔向客户介绍我。这表明，通过社交媒体的宣传，公司外的活动也可以在公司内部影响你的个人品牌形象。

社交媒体可以改变你的职业发展轨迹，它是建立外部和内部品牌形象的完美工具。例如，你在工作之外做了一次成功的演讲，就可以将相关信息发布在社交媒体上，提升自己的外部形象。在社交媒体上关注你的同事知道你的演讲后，他们对你的印象可能有所改变，你在公司内部的品牌形象就会提升。

不过不要只制定单一平台的社交媒体运营战略，要制定全面的社交媒体战略。以下是职业人士利用社交媒体的 3 个小策略。

## 策略一：选择一个平台作为引擎，推动其他渠道

你可能没有足够多的时间关注很多社交平台，因此你可以选择一个平台作为引擎，然后将相关内容延展到其他平台，推动你的个人品牌建设。作为职业人士，为了树立专业形象，你写的文章最好有启发性、能激发读者思考，文章篇幅可能比较长。一旦找到读者可能感兴趣的话题，你先要把文章发布在"引擎"上，再转发到其他社交平台，你还可以将链接直接发给朋友。工作机会和商业机会可能来自任何平台。

有一次，我去剑桥大学演讲，之后，我在与职业相关的社交媒体平台上发表了演讲心得。那个周末，我又在另一个开放给朋

友和同事的平台上发布了这则演讲信息，还加了一张刻着徐志摩的"再别康桥"的石碑照片。

一位前同事看到我发布的信息，受一位教授朋友所托来联系我。教授正在寻找一位懂得讲课的金融专业人士。前同事安排我和教授见了面并一起喝了咖啡。就这样，我被聘为大学的兼职副教授，讲授与金融和沟通有关的内容。

## 策略二：在各个平台的形象要保持一致

在生活中，保持个人品牌形象的一致很有必要。在社交网络上，你在各个平台的形象也应该保持一致。有些人可能会将证件照放在工作履历上，可社交媒体上用的图片却十分随意。这种情况太常见了。如果你确实想快速树立辨识度高的、一以贯之的个人品牌形象，我建议你在工作履历和社交媒体的个人资料中使用相同的高质量职业照。

我在所有的社交媒体平台上都使用相同的个人资料照片、相同的名字——Eric Sim 沈文才。当对话从一个平台转到另一个平台，人们看到的内容可以无缝衔接，不用疑惑是不是同一个人。

保持一致性还有一个好处。工作和生活之间的界限正在变得模糊，许多认识你的人会在几个不同的平台上看到你。你的朋友可能会成为你的同事甚至上司，而你的客户或上司最终可能会成为你在社交媒体上的粉丝。同时，人力资源部和招聘经理可能会在面试前审查你所有的在线个人资料，你应该在他们心中留下一致的印象。

## 策略三：提供符合平台特点的内容

虽然在社交媒体上保持形象一致很重要，但你仍需要根据每个平台的调性调整所要发布的内容。以下是我调整内容的方法。

### 以职场为主要内容的平台

首先，你可以根据自身独特优势或职业身份确定具体定位，然后围绕人物策划相关的主题，提前准备图文内容，在黄金时段（中午 11 ~ 1 点 / 下午 5 ~ 6 点 / 晚上 8 ~ 9 点）发布。文案的语言要专业，但也要让其他行业的读者容易理解。其次，要多与关注者互动，拉近与他们之间的距离，了解他们希望读到的内容。发布的内容篇幅长短皆可，最重要的是把故事讲好，为读者带来价值。

### 以图文和短视频为主要内容的平台

发布内容的封面一定要足够吸引人，最好能通过标题、配图、封面、字幕等吸引用户关注，引导其迅速了解发布的内容精华；最好确保个人主页内已发布的不同信息内容风格和排版高度统一，让人初入你的个人主页时能够一眼就对你产出的内容和主题定位有清晰的认知（如财经、阅读、健身）。如果内容主线和你的个人形象、职业身份一致，你发布的内容的可信度就会大大提升。

我曾参加CFA协会大会，会上我发表了题为"颠覆性创新的影响"的演讲。演讲结束后，我在我作为"引擎"的社交媒体平台上发布了演讲摘要。在另一个以图文和短视频为主的平台上，我发布了一些演讲酒店周边的照片以及初次到访的感想和与观众互动的小技巧，这个帖子的标题是"品尝当地食物，参观国家博物馆"。虽然两个帖子都与同一个演讲相关，但第一个帖子要长得多、正式得多，而第二个帖子用了更多的照片、简短的文字和轻松的语气。我尊重两个平台的不同风格。

希望你也可以像洪安琪那样运用好社交媒体，建立外部的个人品牌，以此提高公司内部对你的评价。

# 11

## 你是自己的"出版商"

14 岁那年，我考砸了一场重要的英语文学考试，满分 100 分的试卷我只考了 28 分，这严重打击了我对写作的信心。多年后，即使在大学里成绩不错，我仍然觉得自己的写作水平很差。尽管缺乏自信，但我还是很想写博客，只是不知道从哪里开始。我便向美食博主朋友请教，可她非但没有鼓励我、给我建议，反而暗示我不是做博主的料。

我能理解她为什么这么想。虽然我本质上是个热爱美食的人，但如果我写美食博客，会受到诸多限制，因为我不吃动物内脏、鱼子酱以及许多生食。如果写时尚博客，我自己只穿白衬衫、蓝西服，读者很快就会厌倦。朋友建议我专注于我的核心专长——金融和投资，但这可能会与当时我在银行的工作有冲突。所以，我还是不知道如何开始。我只好暂时收起了当博主的野心。

好在我在网上写东西的想法从未完全消失。2015 年，我在香港过春节，刚好有点空闲时间。我决定利用这段时间写第一篇博客文章。光琢磨写些什么就花了 3 天时间，我问自己："社交媒体上还有什么东西是别人没写过的？"大年初三那天，我终于写出了一篇文章，但因为对自己的英文能力感到怀疑，我反复修改文章。当我鼓起勇气点击了"发布"键时，却又开始担心朋友和同事的看法。他们会嘲笑我吗？

那篇博客文章的题目是"我数学考试没及格"。对，英语考试成绩不及格前，我的数学也名落孙山。我在社交媒体上的这篇处女作收获了 100 次浏览、7 个点赞。我喜出望外，因为在学生时期，我写的文章通常只有 2 个人看——我的老师和我自己，并且我们俩都不喜欢我写的东西!

在过去的几年中，我的文章浏览量越来越高，点赞数也有所增加，事情开始有了变化。我的一位美国朋友戴安娜曾在一家大型财经报纸担任高级职务多年，最近她称赞了我，说我写得很好。尽管不时收到类似的表扬，但 14 岁那年英语文学考试不及格的经历至今还困扰着我。不过，这也激励着我不断改进与粉丝沟通的方式。写了 6 年多的文章，我意识到社交媒体的读者其实更关心我所写的内容，而不是我的语言技巧。所以，即使语言不是你的强项，也不要让它挡住你的脚步。

如果你想尝试写作，那么可以在你所在行业的专业期刊上发表文章，不过在社交媒体上发表会更容易，还能让你接触更多的受众。你可以选择任何你觉得合适的平台。无论选择什么平台，你都是自己的"出版商"，自行决定发布内容、发布时间。社交媒体上的内容怎样才能吸引人？我积累了一些经验和教训，以下是我的五大秘诀。

## 讲能普遍应用的个人故事

我们的大脑天生就喜欢听故事，所以你在社交媒体上发布的帖子要讲讲故事。无论灰姑娘的童话，还是电影《碟中谍》，故事都要包含 3 个核心要素：（1）有背景；（2）有冲突；（3）有解决方案。故事不必太长。世界上公认的最短的故事是海明威写的，只有 9 个字"待售中：婴儿鞋，没穿过"。能让读者普遍应用的故事，比较容易引起广泛共鸣。这是你个人的故事，没有人会评判对错。

## 始终记得提供阅读价值

坐飞机被升到商务舱或头等舱时，你可能很兴奋，但这种内容对读者并没有多大帮助。为了树立你的个人品牌，你应该提供有价值的东西，而不仅仅是没有营养的基本事实。想写刚在餐馆吃到的美食，你可以进后厨找厨师聊聊，拍几张照片；想写海外旅行经历，你可以提一提你遇到的当地朋友，说说他向你讲解的当地习俗。

## 给帖子起一个好的开头

根据微软的一项研究，社交媒体出现前，成年人的专注力平均持续时间是 12 秒；到 2015 年，这一时间降至 8 秒。所以，你要让你的帖子的第一句话就能吸引读者的注意力。我写过两篇帖子，内容是新加坡一家街头小吃摊获得米其林之星的新闻。我间隔两天发布了类似的文章，二者只有第一句话不一样。你来看看，自己更喜欢哪种介绍？

"祝贺陈翰铭师傅，他的油鸡面拿了米其林一星……"

"30 年来，他每周工作 100 小时；过去 8 年，他的油鸡面才卖 3 新币[1]。"

第一条帖子获得 700 个赞，虽然已经很多了，但第二条竟然有 90 000 个赞。这就是好开头的影响力。

---

[1] 新加坡元，1 新加坡元约合人民币 4.63 元。——编者注

## 多用对话形式

讲故事时可以多用对话形式,这样显得更生活化,容易把读者带进场景。我在写故事时常常使用日常场景中的对话。一些读者对我说,那些对话很生动,他们马上就能对我所描述的环境和场景产生画面感。下面的例子就是我用对话描述自己对中国一家酒店服务的印象。

我走进酒店的贵宾休息室。没等我坐下,服务生就过来问我:"您喝红酒?"

"好。"我答,我感到既开心又意外。

"设拉子(Shiraz)[1]?"

"哇,你竟然还记得我昨天点的酒!"

然后,我描述了服务生沃伦热情开朗的性格、不厌其烦的工作态度,还有他最近刚从毛里求斯来中国的酒店工作的故事。这段对话把读者带进了场景,他们就好像亲临现场、听见了这番对话一样。

---

1 与葡萄品种西拉为同一品种,是西拉传入澳大利亚后在该国的叫法。——编者注

## 在线下要做些有意思的事情

如果不在现实生活中做些有意思的事情，我们就很难获得原创的、引人入胜的故事和图片。只有不断尝试新事物，我们才能获得新体验、新想法，才能将之发布到社交媒体上与别人分享。近年来，我经常与小店老板聊天、听他们的故事，也会参加摄影摄像课程、试用新的应用程序。你也应该做些新尝试，参与新活动，发表自己的原创内容。

对我来说，为社交媒体制作内容并不简单，虽然我在这一过程中收获了很多成功经验，但也有很多失败教训。我接下来分享如何在社交媒体上吸引粉丝的关注。

# 12

## 如何吸引更多的粉丝关注

在社交媒体上，我被称为关键意见领袖（Key Opinion Leader，KOL），还被一些平台评为"年度行家""顶级之声"。我很荣幸能因推动有深度的职业发展话题探讨获得大家的认可。

人们问我是怎么做到的，我的第一个建议是，粉丝的质量比数量更重要，而发布的内容的质量又是建立粉丝基础的关键。不过，除了专注于高质量的内容创作，还有一些方法能吸引更多人的关注。以下是我的 7 条建议。

### 评论别人的帖子

我每看到一篇有趣的帖子，就会试着留点有见地的评论，这往往会得到作者的回应。与作者的互动，又能被更多人看到。而如果你的评论为其他读者提供了价值，他们就会关注你。虽然发个评论只需要几分钟，却是为其他读者提供价值的有效方式。

## 不羞于谈论自己的糗事

大多数社交媒体的帖子只展示了我们生活中积极的一面，但人生不如意事十之八九。发布一些示弱的内容，可以让别人对我们产生共情，他们也会对我们诉说自己的烦恼。示弱可以让人们明白人生不必追求完美，从而释放部分压力。把自己的糗事在社交媒体上公之于众，会显示你的真诚，更容易与他人拉近距离。这种现象被称为"出丑效应"，是 1966 年社会心理学家艾略特·阿伦森（Elliot Aronson）研究发现的，意思是能力出众的人犯点小错误，不仅瑕不掩瑜，而且更讨人喜欢。

## 留心观察

要吸引粉丝关注，你需要有很多既新鲜又好玩的内容。有人问我，我为什么有那么多话题可写，并且都是围绕职业发展和人生技能这一主题的。答案是"我经常观察周边环境"。想到一个好点子时，我会立刻记在手机上。我的素材通常来自日常生活中遇到的人，比如我在香港时的裁缝、去伦敦旅行时的导游、新加坡滨海湾花园里摆弄荷花的园丁。有时，我会在自家花园里晃悠，从大自然中寻找灵感。如果你经常接触人和大自然，总可以找到有意思的内容，将其写成文章，开阔粉丝的眼界和思路。

## 经常参加活动并发言

我几乎每个月都能接到在大会上演讲的邀请。我演讲的最后一张幻灯片是我在社交媒体上的用户名，与会者可以关注我。我还会在会后把演讲摘要发布到社交媒体上。每次活动结束后，我的粉丝数都会增长。如果你还没有这样的机会参加活动并发表演讲，你可以在学校或工作场所练练手，组织活动，给你的同学、同事讲讲你的兴趣爱好、专业技能或其他你感兴趣的话题。

## 利用搜索引擎优化你的在线个人资料

每次演讲活动前，组织方通常会将我的个人履历放到网站上，我会在提供的履历中加上个人资料的网页链接。多年来，我个人资料的网页链接出现在很多组织的网站上，包括有较高域名权限的顶尖大学的网站。搜索引擎的算法可以让这些指向我个人资料的网页链接被搜索到，这有助于我个人资料的搜索引擎优化（SEO）。人们一搜索我的名字，这些资料就会出现在页面的靠前位置。

## 参与线下社交活动

经常组织或参加社交活动，除了能提供发帖素材，还能为读者提供有价值的信息。第一，你的粉丝可能对活动信息感兴趣；第二，你能吸引更多的粉丝关注。例如，我有时会组织一些线下活动，邀请经常与我互动的、比较活跃的粉丝参加。我想认识他们，想问问他们为什么喜欢我的内容。夏奇鲁是一名在伦敦工作的原油交易分析师，他特别喜欢我写的第一篇社交媒体文章《我数学考试没及格》。那时，我只有几百个粉丝。之后，我每次去伦敦出差都会邀请夏奇鲁参加我的社交活动，把他介绍给我在伦敦的其他朋友。这样的见面大大巩固了我们之间的关系。

## 像竹子那样生长

有位科技杂志的记者曾经问我，我的粉丝数是呈线性增长还是指数级增长。答案是后者。起初，我的粉丝数增长得非常缓慢，但我仍然保持写文章的热情。像夏奇鲁这样阅读我的文章后评论并与我互动的读者和联系人，是我的粉丝基础，他们有助于我提升写作技巧，开拓我的视野。粉丝量的增长像竹子一样。有一年，我在花园里种了几根竹子。在种下后的第一年里，它们一点儿动静也没有，过后突然疯长，几周内就长了几米高。

**粉丝百万，始于一联。**

## 第 3 章

# 积累社会资本，扩大人际网络

☆

## 什么是社会资本

　　我职业生涯的第一阶段还算不错，但是也没什么特别值得骄傲的事情。后来有一天，一位前同事打电话问我想不想换工作，他的上司在招人，而我条件刚好符合。我当然很感兴趣，对方的公司是世界知名的金融机构，那是一份我梦寐以求的工作。后来，我得到了那个职位，在这家公司工作了 8 年，在世界各地的不同部门轮岗。从那以后，我再也没有通过求职广告应聘过新工作，我的所有新职位都是别人推荐的，无论银行的工作还是在大学教书的工作。

　　我的好运气要归功于我多年来与人打交道时积累的社会资本。社会资本是你在与他人的交往中逐渐建立的良好意愿，它的原理有点像往银行里存钱，看着存款增长。每次你对某人表达好意或提供帮助，都增加一点社会资本。

　　如果你以后打算自己创业，社会资本也会发挥很重要的作用，最先购买你的产品的前 50 名客户，可能是与你打过交道的人，你在他们那里积累了一定的社会资本。我的前同事陈贻福在工作中很支持我。最近他告诉我他的太太开始做茶叶生意了，我立刻买了一盒上等福建安溪铁观音，帮忙测试他们的在线订购和支付系统。我衷心地希望他们的生意能有一个好的开始。

如何开始积累社会资本？与人相处时慷慨大方、尊重他人，盼望他们未来会飞黄腾达；不怕麻烦地帮助客户，哪怕是分外之事；还有一些小事，比如帮同事买午餐这种举手之劳的事情，也可以增加你的社会资本。

当然，不要指望你帮助过的人都会回报你，也不要指望在短期内受益，要为 10 年、15 年甚至 20 年后的自己积累资源，等待若干年后还有人记得你的好意，为你打开一扇门或助你渡过难关。如果没有积累社会资本，你可能不知道还有一扇门在那里。

# 13

## 熟识你常去的餐厅

　　有一次，我和 KK 在"福临门"餐厅请客户吃饭。KK 是我的同事，也是我的前辈，当时负责银行在香港地区的金融产品销售和交易。福临门是香港湾仔区的一家粤式餐厅，这里的氛围既华丽又温馨。我们一边喝茶，一边等待客户前来与我们共进午餐。

　　这时 KK 的手机响了，是另一家餐厅"富临饭店"的经理打来的。富临饭店是一家米其林餐厅，它家的鲍鱼非常出色。富临饭店的经理认识 KK，特意打来电话告诉他，我们的客户已经到店了。这让 KK 感到不解，因为他没有在富临饭店预订餐位。他很快明白是客户去错了地方！因为富临和福临门的粤语发音相近。我们马上离开"对的餐厅"，冲到"错的餐厅"。好在两家餐厅间的车程只有 9 分钟。

　　富临饭店经理的处理方式给我留下了深刻的印象。我们的客户出现时，他礼貌地把他们带到一张餐桌前，没有告诉他们餐厅没有接到 KK 的预订。经理猜测 KK 忘了预订，他不想告诉客户以免让 KK 难堪。他有 KK 的电话号码，所以客人一落座他就给 KK 打了电话。为什么经理不怕麻烦，尽力让 KK 和客户都满意？这是因为 KK 与他的关系很好，这个关系是因 KK 多年来经常光顾富临饭店而建立的。

我和 KK 及时赶到了富临饭店，客户弄错了餐厅以及经理的救场成了我们的笑点和谈资，我们的午餐因此开了个好头。这次的经历让我意识到与经常光顾的餐厅建立良好关系的重要性，也让我看到 KK 建立和维护人际关系的出色能力。

## 新的寿司体验

我马上开始效仿 KK，每个月都去同一家餐厅吃上好几次饭，结识那里的主厨、经理和服务生。一个周末，我和家人外出就餐，偶然发现了一家友和料理店，离富临饭店不远。这家日本餐厅的寿司是我尝过的最好吃的寿司。我头两次去这家店用餐时，和寿司师傅聊了很多，后来我再去时，他已经知道我的口味偏好，我甚至不必看菜单点菜了。我很喜欢用喷火枪烧烤鱼片的火炙寿司，所以我每次去店里时，师傅都会先给我来一份沙拉，再上几块生鱼片寿司，然后是火炙寿司，一碟接一碟轮番端上来。

熟识这家餐厅的工作人员后，我便带着同事和朋友前来品尝，让他们也有特别的新体验，在我与他们之间积累社会资本。有一次，我请一位来自印度的同事一起去友和吃饭。知道他只吃素食后，我给寿司师傅发了条短信，询问他能不能做些素的寿司。他说："可以，没问题！"那天，他为我们准备的午餐非常完美，我的印度同事此前几乎没吃过寿司，但是之后很快成了这家餐厅的常客。

一周后，我又带一位朋友去这家餐厅。我们坐在寿司吧台边，可以近距离地看到摆放在玻璃冰柜里的各种生鱼块。我请朋友选鱼。他指了指一块吞拿鱼[1]，这时寿司师傅对他说："您是沈先生的朋友，我给您推荐一条更好的。"他从寿司柜台下的冰箱里拿出一块超高档的吞拿鱼。我的朋友很高兴。这就是认识厨师的好处啊！

## 带外籍 CFO 去吃地方菜

要满足同事、朋友和客户的饮食口味，也不必非带他们去友和料理店或富临饭店这种高档餐厅。我的一个客户是一家大型国际地产公司的 CFO，他从日本到新加坡出差。我特意飞到新加坡

---

1 别名鲔鱼、亚冬鱼、金枪鱼。——编者注

来见他，与他共进晚餐。我猜他去过新加坡的许多高级餐厅，并且从我们之前的往来邮件中知道他想尝尝有当地特色的美食。于是，我把他带到一个我很熟悉的路边海鲜摊，那里没有空调，却有非常美味的螃蟹米粉。那天晚上我的客户很开心，事后他从日本给我寄了一封感谢信，大致内容如下。

尊敬的沈文才先生:

在我最近访问新加坡期间，您带我去了那家当地的海鲜餐厅，对此安排我由衷地向您表示感谢。谢谢您总是带我去各种不同的好地方。你选择的菜总是很好吃，我非常喜欢。我希望我们能够继续并提升我们之间的业务关系。

我在经常出差去的城市都有两三家经常光顾的餐馆。你也可以这样。不一定去昂贵的场所，如果餐馆规模很大、顾客太多，那么店员可能很快会忘记你。要诀是找到一些有特点的小餐馆，在这里你比较容易与经理、店主或厨师交谈。时间久了，你就可以与他们建立融洽的关系。不要只和他们聊美食，也可以介绍一些关于你的情况，就像在其他场合介绍自己一样，这样他们比较容易记住你，以便下次来时他们和你交流。

熟悉餐厅的菜品也很重要，这样你就可以毫无纰漏地为客人推荐合适的菜式。当然，在决定带客人去哪家餐馆前，你首先应该了解客人的口味和偏好。我知道那位日本 CFO 愿意在豪华酒店和高档餐厅外尝点新鲜的，我也知道我的许多印度朋友是素食主义者。

我们有时不是很在意外出就餐这种事情，尤其是工作餐。为了省事，我们可能会带着国外来的同事或重要客户去一家自己从没去过的餐厅就餐，就因为这家店位置便利，或者因为他们的网站设计得很精美或线上好评多。但到了店里，我们很可能会发现，经理不能给我们安排一个好位置，服务员面无表情，我们不知道该点什么菜，厨师也绝不会做菜单上没有的菜肴。

如果有那么几家熟悉的餐厅，你既认识他们的员工，也了解他们的菜式，你的客户、同事或其他合作伙伴，都会有更美好的感受，那么他们会记住这次用餐体验，并将你这个人与这次愉快经历联系在一起，你们的关系会更进一步。

# 14

## 舌尖上的文化

　　如果你经常去海外出差，或者在一家员工文化背景多元的公司工作，那么对不同文化的好奇心是你成功的一大关键。我认识的一些学识渊博的人，他们都对很多国家及其文化有很深的了解，我在这一方面与他们相差甚远。但我对不同文化怀有强烈的好奇心，每当遇到来自海外的人，我都很想了解他们的文化。

　　培养文化好奇心的最佳方式有哪些？从书中获取知识当然不错，但它是单向的。如果你将理论研究得太深入，就可能仅因国籍而对人形成刻板印象，忽视其他塑造个性的因素，如人生经历、性别和兴趣爱好等。

　　要通过了解当地饮食培养对不同文化的好奇，你可以在品尝当地菜肴时与主人围绕美食展开交谈，引申到当地历史和文化等更广泛的话题。如果有人到访新加坡或香港，向我问起当地街边小吃的口味和渊源，我们的谈话气氛肯定会立刻变得轻松活泼。当然，如果吃几次当地特色菜就以为了解了当地的文化，那就太天真了，但这无疑可以轻松愉快地帮你建立新的人际关系。

　　几乎每次到中国出差见银行的客户，我都会住酒店。虽然在酒店里用餐可以报销，但是我更愿意花自己的钱到附近的小吃店吃饭。有一次去上海，我住在新天地附近的一家酒店。一早醒来，看到酒店对面有好几个人在排队买早点，我也过去排队。

　　我："锅贴一份。"

　　店员："要几两？"

　　我突然愣住了。锅贴不是按"个"来卖的吗？

　　我："一两几个？"

　　店员："一两四个，四块钱。"

　　我："那就来一两吧，还要一份豆浆。带走。"

　　我心里想："四个锅贴的重量不止一两吧。"

　　我便问了国内同事，也把问题发到了朋友圈："一个锅贴一块钱，为什么要按'两'来卖呢？"就这样展开了话题，我进一步了解了中国文化。同事和朋友从中也知道了我对饮食文化的好奇，这有助于加深彼此间的感情。


## 库克的亚洲美食之旅

　　苹果公司 CEO 蒂姆·库克（Tim Cook）在一次亚洲之行中

特意品尝了所到之处的各种美食，还在社交媒体上发布了他的经历。在泰国，他和两位美食博主一起在街头品尝曼谷最好吃的小吃，包括被他描述为"令人惊叹"的蟹肉煎蛋卷。在日本，他与著名歌手、演员见面，他在社交媒体上说自己特别喜欢和他们一起喝酒的那间居酒屋。到了新加坡，库克在两名 iPhone 摄影师的带领下，参观了历史悠久的中峇鲁，又去当地的小贩中心吃早餐。库克在社交媒体上感谢他们传达对中峇鲁"丰富的文化遗产"的热爱，还贴出了自己享受小吃时的照片。这位世界上最有价值的公司之一的 CEO 在街边摊享用当地美食的照片被广为转发，也在当地社区引起了轰动。

## 寒夜里的热狗

我第一次去纽约出差时，航班很晚才抵达。我到距离中央火车站不远的酒店办理入住后，就走出酒店，在附近寻找热狗摊。我在很多电影里看到过人们在纽约吃热狗的场面，因此很想亲自尝试。那是一个寒冷的春夜，法兰克福香肠、酱汁、炸洋葱还有柔软的白面包组合在一起，味道简直无与伦比，那是我那次旅行中最美味的一餐。

热狗虽然不是什么高档食物，但是如果我跟另外一个人一起站在纽约街边享受这一刻，它会让我俩建立一种亲切友谊。

## 我在印度积累的社会资本

我第一次去印度出差前，大家建议我在那里只喝瓶装水，不要吃水果、沙拉和酸奶。但是我到那里后发现新德里的食物太好吃了。几个月后，我又去印度出差，这次是去班加罗尔，我不理会朋友的建议而尝了很多印度菜。印度黄油咖喱鸡太美味了。我很渴望尝试更多的印度美食，东道主见此与我一拍即合。我听说印度有很多香料，并且香料在印度的饮食文化中起到了很大作用，我们就漫无边际地大谈特谈起来。

无论在餐馆里还是在数百名观众面前，谈论食物都是一种极好的破冰方式。当谈话转到其他话题上时，人们会更加专心地倾听你的观点，因为你与他们建立了融洽的关系。

有时我会去新的地方做演讲，这时我会提前一天到，让出租车司机带我去吃正宗的当地小吃。如果觉得好吃，第二天演讲时，我会用这个小小的"探险"作为开场白。一位观众有这样的反馈。

"沈老师在演讲的一开始，给我们讲他到这座城市的第一天就去了当地一家很有名的烤鸡香料饭餐馆，有趣又温暖。他讲的故事和拍的照片立刻让大家对他产生了好感，吸引大家聆听他之后要讲的内容。"

## 对食物的记忆

人类的舌头是有"记忆"的。你小时候吃什么、不吃什么，往往会决定你余生的口味。饮食偏好很难改变，并且会传给下一代。探寻另一个国家食物的起源，可以加深我们对这个国家文化的了解。在新加坡，潮州糜（粥的意思）小摊有时会在稀饭里加地瓜。过去经济不发达，很多家庭买不起大量的大米，就会在稀饭里加地瓜。时代变了，虽然新加坡人现在吃得起大米，但这一习惯保留了下来，人们对食物的记忆依然存在。

到新加坡、马来西亚和印度尼西亚旅游的人，经常对娘惹文化感到好奇。15 世纪后，来自中国的移民与当地居民结婚，其后裔被称为"娘惹"。他们的文化经历史变迁而变得繁复多样，涵盖语言、服装、建筑风格等诸多方面。想要通过一次短暂的旅行了解娘惹文化及其传统是不可能的，但至少可以尝尝他们的食物以获得一些初步认识。如果你在新加坡来一次娘惹食物之旅，那么你肯定会对这个岛国的历史有很多发现。

虽然只是吃饭、闲聊等小事，但借助食物表达对不同文化的好奇确实是了解一个国家及其文化遗产的途径。食物，尤其是世世代代以同样方式制作的正宗的当地街头小吃，体现了一种文化精髓。品尝和分享美食总是让人身心愉快，在国外品尝当地菜肴，也有助于你与外国朋友、同事和客户建立更密切的关系。外国人不会期待我们了解他们的所有文化，但看到我们爱吃他们的食物，肯定会很高兴。

# 15

**建立高质量的社会关系**


在生活中，人际关系可以被分为三类：（1）亲朋好友；
（2）泛泛之交；（3）高质量联系人。在情绪低落时，你需要亲人
和朋友的支持，让自己重新振作起来；当他们需要你时，你也应
该给予他们支持。但在职业生涯中，第一类人可能对你帮助不
大。如果你现在 20 多岁，那么你最好的朋友有时也在寻找类似
的工作，或者在你不感兴趣的行业工作。泛泛之交是你认识的
人，也许是邻居，也许是同一个健身房里的会员。你可能在社交
媒体上与他们有联系，但很少与他们讨论深刻的话题。

相比之下，第三类人——高质量联系人更有机会跟你谈论一
些有意思的话题。你不必和他们有很亲密的来往，他们也不会
介意你不知道他们的生日，但他们可以激励你，帮助你拓宽职
业视野。他们可以是资深专家或成功人士，但也不一定。我自
己已经不再关注人的资历，而是尝试与来自不同行业和国家的、
能给我带来启发的人建立联系，他们热爱生活，拥有与我相得益

彰的才能。

有一次，我突然收到名叫约翰的美国小伙的来信。他从同济大学硕士毕业后，在上海的一家证券公司工作。

亲爱的沈先生，希望您一切都好。我关注您的领英页面已经有一段时间了。您发布的内容很有趣，信息很丰富。我能看出您热衷于帮助和辅导年轻一代。作为其中一员，我很感激。我看到您几周后要来上海、在一场数字营销大会上发表演讲的消息⋯⋯

约翰在信中问我是否可以和他一起喝杯咖啡，给他一些职业上的建议。我不得不婉拒他，因为我在上海的日程安排得太满了。但约翰并没有因为无法与我单独见面而感到沮丧，他给我写了一封真诚的回信以感谢我回复他，并对我没有时间见他表示理解。读完他的回信，我邀请他来听我的演讲。他为此请假来现场听演讲。演讲结束后，约翰看到有一群观众在台下围着我问问题，他也凑过来，自我介绍了一下，于是我们认识了。

如果你想结识新人，特别是那些很受欢迎却时间有限的专业人士，你要有心理准备，刚开始你有可能会被拒绝，就像约翰那样。不过碰钉子也没关系，不要轻言放弃，追着再写一封礼貌的回信，调整你的计划以适应对方的安排，这样就增加了见面的可能性。

我现在和约翰还有联系吗？有的，他时不时会来当我的助教。有时我在北京或香港的大学讲一天课，约翰会自费买机票从上海飞来，和我的学生谈谈他作为金融专业的外国人在中国的工作经历。约翰在我的课上一般只讲几分钟，他在想方设法让我成为他的高质量联系人。虽然我也可以请别的年轻人，但我往往会选择约翰，因为他很积极、很主动。他愿意随时登上飞机，只为当我的助手，这表明他的真诚。约翰后来在社交媒体上发布了以下文字（有删节）。

你很少会遇到能改变你人生的人，但就在3年前的今天，我遇到了沈先生。我只想向沈文才先生表达我的一点点感激之情，感谢他多年来为我所做的一切，感谢他让我的人生变得更好。他教我如何树立个人品牌，鼓励我在社交媒体上写文章，带我去亚洲顶尖的大学做演讲，给我上了许多人生之课……可以说，他对我的影响是巨大的。如果没有他，我就不会有今天。

约翰的坚持得到了回报。但坚定的决心并不是建立和维持高质量关系的唯一重要因素，你还需要考虑以下问题。

## 找找自己的不同之处

你应该瞄准那些可能觉得你与众不同的人。如果你是刚工作不久的亚洲人，不要害怕与来自欧洲的、经验丰富的职业人士接触。你不必对所有人而言都是独一无二的，你想联系的人认为你独一无二即可，比如在年龄、地理位置或才能等方面具备独特之处。

## 不一定非要面对面交流

虽然面对面交流的沟通效果很好，但我已经成功地与几位素未谋面的高质量联系人开展了合作。特迪是一位在越南工作的网站设计师，他为我提供服务，帮助我建立了公司网站。与他多次沟通后我才聘用了他，他也将工作完成得非常出色，我的网站现在运行得很好。另外，在日内瓦工作的莉萨也多次帮助我主持线上活动。我都还没有见过他们本人。

## 首次接触时信息要有针对性

在网上首次与别人联系时，不要让你的信息像从供许多人使用的模板上复制、粘贴而成的。你要根据个人情况，写些不同的内容，例如你读了对方的文章后产生的共鸣，这会增加得到对方回应的机会。

## 不要害怕被拒绝

即使你多次联系对方，你也可能会被拒绝或忽视。不要让这种经历影响你继续联系其他高质量联系人。90% 的人可能会拒绝你，那你就更应该坚持到底，继续接触另外 10% 的人，将他们发展成高质量联系人。你不要以为只要自己有了资历，发出邀请就会有人想和自己合作。事实并非如此。即使是现在，也有一些年轻人懒得理我。可见，遭到拒绝很正常。

## 积极做人际关系枢纽

结识高质量联系人后，请与这些得之不易的联系人保持一定的亲密度。其中一种方法是做人际关系枢纽，介绍他们互相认识，他们可能也会将你介绍给别人。但是，不要为别人介绍他们的同行。我自己是一名培训师，我的新联系人经常想把我介绍给他们认识的培训师，但我不太感兴趣，因为我在这个领域已有足够丰富的才能和人际关系资源。相反，我们应该给背景互补的人配对：招聘经理和求职者、学生和职业人士。

## 用有意思的内容与高质量联系人互动

我发现，用高质量联系人在社交媒体上发表的内容与他们互动，是非常有效的维护高质量社会关系的方法。我经常浏览他们的文章，并在互动区评论以表示我非常重视他们的观点。在报刊上看到有意思的文章，我也会把文章链接发给他们；参加与某人所从事的行业相关的线上活动，我也会把活动信息发给他们。

建立和维护高质量的社会关系，需要与高质量联系人保持互动。这种关系不可能是单向的。我是约翰的高质量联系人，因为我可以传授给他职场发展经验和人生技能。他也是我的高质量联系人，通过他和他的朋友，我可以了解年轻人的想法、兴趣和关心的话题。

我们在事业和生活中能否成长，取决于我们与谁打交道，这就是为什么高质量的社会关系如此重要。幸运的是，社交媒体使我们能够轻松地发展和维持人际关系。我们可以在网上与来自不同国家和行业的人交流，进而丰富自己。我们可能从未与和我们展开密切合作的人谋面，但是他们还是可以激励我们，为我们提供建议，向我们传授新的技能和知识。

# 16

## 年轻人也能为你增加价值

　　黄浩哲在马德里的一所商学院读本科，他还是学校金融俱乐部的活动负责人。他通过社交媒体找到我，请我为俱乐部成员做讲座，介绍找一份好工作需要具备哪些关键技能。我们在电话里讨论这个提议时，他对我说，这个线上活动有助于我打开欧洲市场，他也很愿意在会后与我分享他的人际关系资源。我以前从未在欧洲做过演讲，他的提议吸引了我。他非常有头脑，善于建立人际关系，他能想到通过为我增加价值来打动我。

　　黄浩哲做事非常认真。他问我，为了让我不虚此行，他还可以做些什么。我告诉他，希望活动能正式一些，越多学生受益越好。于是他说，他不仅邀请金融俱乐部的成员参加，还要在整所大学里进行宣传，并且会邀请校友参加。另外，他还会找一位教授，在我发言之前请他向观众介绍我。

　　黄浩哲随后向负责学校活动的经理迪伦寻求帮助，迪伦欣然同意提供宣传和技术支持。但是，找到合适的主持人不容易。黄浩哲先后找到一位金融学教授和一位专门研究亚洲市场的研究员，但他们对此都不感兴趣。他坚持不懈，最终请来一位市场营销学教授，他也是商学院副院长，由他来主持讲座并帮助我修改演讲内容。

迪伦给这场网络研讨会起了个很棒的名字："后疫情时代的职业规划"（Careers after Corona），并且用线上直播的方式来吸引观众。当天有500多名学生和校友参加，打破了学校职业主题在线活动参会人数的纪录。与会者给出了极好的反馈，这让黄浩哲十分开心。

3个月后，黄浩哲去伦敦一家顶级投资银行面试实习生岗位。他对面试官讲述了他邀请我做演讲、说服教授主持讲座的过程。他对教授说，这项活动有助于提升大学在亚洲的知名度，还能帮助欧洲学生更好地了解亚洲地区的工作机会。这件事让面试官对他印象深刻，他获得了令人垂涎的实习机会。他之所以能获得成功，正是因为他明白，要想与人结交并把事情做成，就必须想办法为对方增加价值。

在这一点上，我们应当向黄浩哲学习。你想接近某个人时，要确保你能为他增加价值，或者你曾经为他增加价值并且一直与他保持联系。我很感谢黄浩哲这样的人，他们带着对我们双方都有益的想法来找我。我的时间有限，所以如果同时有很多人来找我，我会优先考虑接触黄浩哲这样的人，如果他来寻求职业建议，我也很乐意多说一些。

黄浩哲的故事还说明，年轻人也可以为资深的职业人士拓展人际关系。如果你还年轻，不要低估自己的实力；如果你有多年的职场经验，也不要忽视比你资历浅的人。

我在一次社交场合中遇到一位资深的专业人士，名叫帕特里夏。我看到她讨好公司高管，却不搭理职位比她低的同事。聪明的领导者一眼就能看穿，她是因为他们的职位高才这么热络，他们会留意这个人对职位低的人的态度，因为这反映了她的人品。如果你很愿意帮助职位低的人，受到帮助的人会称赞你，而这些称赞会传到你的上司的耳朵里，你晋升的机会就会更大。另外，一些人现在的职位可能比你低，但可能在未来因为才能出众而受到提拔，甚至可能成为你的上司。至于帕特里夏，很遗憾，在那次碰面后不到一年，她就被公司解雇了。

每个人的职业生涯都是一场漫长的赛事，所有人都可能帮到你，不要目光短浅。在投行工作时，我培训过很多职位比我低的人，尽管我现在已经离开那里，但有很多前同事至今仍与我保持联系。如果他们因为我已经不是大投行的董事总经理（Managing Director）就不理睬我，那也太可悲了。

# 17

## 一个人走得快，一群人走得远

我的一个朋友名叫陈易谦，开了一家高级健身房。健身房刚开业时我曾去参观，一走进健身房，我就被他打造的环境深深打动了。那里没有其他健身房常见的明晃晃的灯光、大面积的镜子和一排排健身器材，只有一个光线昏暗、斯巴达风格的运动室，背景音乐一响起，你就会完全沉浸在高强度的训练课程中。

但首次参观健身房时真正吸引我的是一块标志——醒目的绿色霓虹灯勾勒的巨大的黑色字符"一个人走得快，一群人走得远"。这块标志占据了健身房的整面墙。虽然这句口号的确切起源不得而知，但我越琢磨这句话，就越觉得有道理。我雄心勃勃想尝试的新事物，往往会超出我的能力范围，但我想"走得远"，于是会去找合作伙伴，共同努力达成目标。

我所说的合作并非公司内部批量生产式的标准化团队合作。大多数组织都会倡导"团队合作"的重要性，制定一套口号，诸如"团结力量大"或"只要团体，不要个人"。但这通常是诡辩：

我们最终还是会与团队成员竞争，因为我们做着相似的工作，却都希望获得晋升机会。

为了"走得远"、取得更持久的成功，我们不能依赖雇主来确保自己与合得来的人共事。相反，我们应该主动行动，寻找志趣相投的伙伴（甚至是组织之外的人）开展合作。这些人的才能和优势与我们不同，可以与我们取长补短、相辅相成。

## 本书就是与他人合作的成果

我在网上写职业建议多年，主要根据个人经历撰写文章。因为我的文章是按时间顺序排列的，所以很难按照主题搜索我的文章。我想，如果把内容按主题进行归类，增加一些新观点，并编撰成书，读者更容易系统地了解我的想法，这该多好啊！凭借一己之力，我能快速累积线上关注者；但如果我想出版一本书、让更多的读者阅读我的内容，我就需要像那句谚语所说的，找人合作。出版一本书，从策划到将想法转化为文字，再到文字润色以适应世界各国读者的阅读习惯，需要付出一些努力。

为此，我特意参加了为期一天的创意写作课程，结果一点收获也没有。于是我决定，与其参加更多写作课程，不如与一位专业写手合作撰写本书，有了他的协助，我就可以继续授课、演讲以及维护社交媒体。彼时，我心目中的人选就是西蒙·莫特洛克，他是一个金融服务行业招聘网站的编辑及内容经理。几年前，我还在投行工作时，他在一篇名为"顶级银行家"的文章中介绍了我，自那以后我就一直与他保持合作，我为他的网站写客座专栏，主要涉及一些与职业发展有关的话题。我们之所以能保持很好的关系，是因为我们的背景和才能是互补的而不是重叠的——我是一名亚洲投行员工和大学讲师，他是一名编辑和内容经理，我们通过合作能创造更多成果。

## 我的演讲事业越走越远

我从事授课和演讲已经有些年头，近年来我有幸去世界各地演讲，包括新德里、吉隆坡、北京、伦敦、香港。我的演讲事业得以"走得远"，要归功于我与 CFA 协会开展的合作。在中国香港工作时，我所在的公司在数码港有个办公室。有一天，CFA 协会的几名工作人员来找我。我们相谈甚欢，我答应他们在 CFA 协会的年会上做一场演讲。这之后，我迅速与协会的工作人员、协会会员以及资产管理圈子里的人建立了牢固的伙伴关系，后来我们共同举办了一场网络研讨会，吸引了 2500 多人报名参加。与 CFA 协会的合作大大拓宽了我演讲的影响范围，可远至欧洲和北美。因为仅凭我自己一个人的努力，我不可能走得那么远。

## 从公司内部找合作伙伴

如果在公司内找合作伙伴，最好不要找同一个部门的。在投行工作时，我总会在其他部门找一两个伙伴，与他们自由讨论自己的想法，不必担心为了升职而彼此竞争。

在香港的投行工作期间，我和私人财富管理部门的埃莱合作很多。我们互相补充，为客户提供不同的服务和产品。虽然我本可以专注于投行业务，但为了提升银行业务能力，增加知识储备，我决定向埃莱学习私人财富管理。与人合作，是掌握新知识的最佳方式，因为在实际项目中获取信息比在课堂上学习理论更有效率。我向埃莱学习的努力得到了回报，我投入时间进行这种跨部门合作，不贪图利润分成等短期利益，成功完成了几笔业务。我们的合作关系也让我在投行内赢得了声誉和认可。

与跨部门同事建立伙伴关系需要时间，但一切都是从买杯咖啡这样的小行动开始的。西蒙最初与我联系时并不是为了与我一起写本书。

在职业生涯初期，你可能会发现，在相对狭窄的本职工作范围内你进步神速，但你并没有"走得远"，你的职业生涯往往局限于某个专项领域，只有与才能互补的人一起工作，你才能创造更多可能。当我要开发一个新领域时，比如制作高质量的流媒体直播活动，就会去寻找潜在的合作伙伴。一旦出现技能与我互补的人，我就会立刻把他们的名字记在手机里。我也会思考，自己能为别人带去什么价值，双方一起工作，既有收获也要付出，这样才能一起"走得远"。你现在就可以想想，自己能否创建一个小项目或组织一场有意思的活动，把不同的人聚到一起。

你不必拘泥于"同一个团队，同一个梦想"这种口号。为了拓展你的职业机会，最好与形形色色的人（无论公司内外）展开合作，从他们身上学些新技能，让他们帮助你走向振奋人心的新领域。

# 18

## 组织自己的社交活动

虽然如今好的视频会议工具唾手可得，但是与人面对面谈话依然必不可少。参加活动、认识陌生人，或者在大型聚会上与人交谈，对许多人来说都是令其望而生畏的事情，包括我自己在内。一群人聚在一处已经聊得热火朝天，你敢闯进去吗？看到有人孤零零地站在角落，你会主动上前交谈吗？即使你够勇敢、你们聊开了，也很难说对方会不会觉得无趣，也有可能你整晚都要编造借口避开他们。

我一般不喜欢参加社交活动，除非我认识主办人。因此我更喜欢自己组织活动，我可以与线上认识的人进行线下沟通。我通常会邀请背景各异、会活跃气氛的人参加我的活动，我知道他们一定愿意互相认识。

无论你的职级、资历如何，你都可以组织一些小型聚会。如果你是初入职场的年轻人，不要只邀请同龄人，资深人士也想认识你们这些年轻人。你可以邀请大家去酒吧小聚。如何策划并组织一场成功的社交活动呢？我有无数场活动的组织经验，以下是我的几点建议。

## 控制人数

控制住自己，不要向所有人发出邀请。如果超过 20 人到场，你就很难与每个人进行深度交流。我认为理想的规模是 8 ～ 12 人，甚至 5 人也可以，这样才能保证聚会的时光不被虚度。重点不是人数，你最需要的是每个人带来的想法和经验。

## 邀请背景各异的客人

我第一次组织同事喝酒时，只邀请了银行里的同事。在后来的聚会中，我邀请的范围逐渐扩大为银行界的同人。如今，我的邀请范围早已不局限于金融行业，我的客人来自各行各业：导游、工程师、律师、设计师、摄影师，我可以见到身怀不同技能和经验的人。为了让每个人都有参与感，我追求性别、年龄和国籍的多元化。只有一点是我邀请的所有客人都具备的：对新事物和新技术有强烈好奇和浓厚兴趣。

## 允许客人陆续到达

你无须为活动设计专门的邀请函,给客人们发个消息就好,安排他们在不同的时间到场。如果你想和某人谈业务,可以请他早点来,比如下午5点。如果你知道某个年轻人通常晚上要加班,就让他晚些到。相比之下,年纪较大的客人可能希望早到,这样他们就可以早点回家陪孩子。灵活安排时间,不仅方便了客人,也便于你利用时间差与不同的客人深入交谈。

## 把握主人"特权",用心介绍客人

我往往是场内所有客人唯一认识的人,所以我会特意介绍他们相互认识。聚会刚开始时,每位客人到场后,我都会一一介绍;后来人越来越多了,我会等两三个人到场后一起介绍。大多数人都很谦逊,自我介绍不会说太多,只会报上自己的名字和职务,而名字和职务很快就会被别人忘记。我介绍客人时会加些让人难忘的内容,这有助于引发交流,比如"这位是辛迪,伦敦最博学多才的导游,她对杰明街和萨维尔街的每一家小店都了如指掌"。

## 准备点小吃

有些人在社交场合会很紧张，可能需要适应一段时间才能侃侃而谈。我总会点一些小点心，给客人们找些谈资，或者让他们有事可做。他们可以问问身边的人："来点玉米片吗？""鸡翅好吃吗？"有一次，我在数码港的办公室里为学生和市场营销人员举办了一场活动，我购买了一些食材，让大家自己动手做新加坡薄饼。这个手工活动成了有趣的破冰行动，互不相识的客人们很快就开始聊天了。有些外国客人做的薄饼完全走样，大家都禁不住捧腹大笑。

## 做好配对人的角色

作为主人，在整场活动中，你的职责就是从人群中把一个人拉出来，将他带到另一个人面前，介绍他们认识。可能的话，你可以尽量为他们做点需求配对：房地产主管和建筑师，当地人和刚到这个城市的访客，学生和高级管理人员。你要一直竖着耳朵听、留心观察，一旦发现有人看起来很无聊，就去与他们交谈，把他们介绍给其他人，保持气氛活跃。

## 将活动照片发布到社交媒体上

你要记得拍一张集体照，活动结束后将其发布到社交媒体上，让线下活动走到线上。发布图片，还可以让其他朋友和联系人看到谁参加了你的活动。有些人可能会联系你，说他们也认识其中某个人，这样你们就有了彼此认识的人。所以，即使社交活动结束了，社交行动也可以继续。

## 在同一地点办活动

如果第一个社交活动进展顺利，下次就还在这个地方举行活动。再次组织活动时，你会知道酒吧的哪个地方最利于人们交谈。为避免某些客人们一直坐在一起，你不要选择长桌，最好选择有较小的桌子且周围有站立空间的区域，便于人们灵活走动、与不同的人交谈。另外，一定要友善地对待服务生，如果你负担得起，可以给他们一些小费，这样，下次组织活动时你就能得到更好的服务。我估计通常会有 80% 的受邀者到场，因为总会有人在最后一刻因故来不了。但是万一到达的人数多于预期，酒吧工作人员也很乐意帮助我，因为我与他们已经很熟了。

## 建立一个"小零钱"基金

定期拨出一点钱作为下一次社交活动的资金，用来为客人买一杯饮料或准备小食等。将来能否获得回报并不重要，人们肯定会记住你的慷慨。

我相信，经常组织社交聚会对你的职业发展大有裨益，可以让你积累更多的社会资本。将来，当你需要别人的帮助时，人们也会更愿意伸出援手或更愿意与你合作。

## 第 4 章

# 把握劝导、沟通和谈判的力量

# 19

## 情景逆袭的 3P 法则

没有人喜欢被拒绝。历经数年的失败，我终于想出一套将逆境变为顺境的三步走理论，我称之为 3P 法则。

- 韧性（Perseverance）

- 视角（Perspective）

- 乐观（Positivity）

下面我们来看几个将 3P 法则应用于实践的场景。

## 我们 7 点离开

中国香港的一些热门餐馆一到周末就异常火爆，要想订到位子，可能和中彩票一样难。这说法并不夸张。和那些耐心排队买彩票想试试手气的人一样，我也总是忍不住去我最喜欢的意大利餐厅碰碰运气，因为他们的薄饼比萨和蒜香意粉的诱惑，实在让人难以抗拒。我们一家人常在周日心血来潮想去这家餐厅吃晚餐。当然，当天才预订位子通常是不可能成功的。有一个周日下午，我给餐馆打电话，电话很快就接通了。

"下午好！"一个热情的女声响起。

"今晚有一张四人桌吗？"我满怀希望地问道。

"没有了，先生，我们的座位已经订满了。"她稍显抱歉地回答。

"要是6点到呢？"我不甘心地问。

"先生，我们的座位已经全订满了。"她又说了一遍，我估计她心里在想："都和你说了'已经订满了'，这五个字，你哪个字没听明白呢？"

我还是没放弃，继续问："如果我7点以前吃完饭离开呢？"

电话那端沉默了一会，仿佛不知道该如何回应我，然后说："我看看。"又过了一会儿，她回答："好的，先生，我们帮你安排一下。"

下面我们来分析一下，在这个故事里我是如何用3P法则让她改变主意的。

## 韧性：让对方看到你的努力

她告诉我"已经订满了"后，我并没有放弃并挂断电话，反而提出一个新对策。我提议可以早点到餐厅，这是向她表明我可以在就餐时间上让步。

## 视角：理解他人的关注点

这名餐厅服务员并不关心我的个人行程安排，她的职责是确保预订座位的顾客在规定的时间内有座位。她完全不在乎我是想为孩子庆祝生日还是为上司饯行。无论对她发火、辩解说我是他们餐厅的常客，还是威胁她再也不光顾了，对她来说都无关痛痒。

在这个例子中，我其实是在帮助餐厅服务员，给她一个在7点下逐客令的"期权"。

金融行业里的"期权"是指一种契约，期权持有人有权利但没有义务按事前约定的行使价买入（或卖出）某一种资产（如股票、货币、大宗商品）。

这里的餐厅服务员好比期权持有者，她有权在晚上7点请我离开。但那天晚上我并没有被赶走，因为下一桌的客人没有准时到达餐厅，所以这位"期权持有人"没有行使她的权利。

## 乐观：向积极的方向思考

我是个乐观主义者。我相信不利状况总有机会反转。当被告知餐厅已全部订满时，大多数人都会沮丧，但我不会，我会找个折中方案。对双方来说，晚上 6 点到达餐厅、7 点结束晚餐离开是双赢，因为餐厅在傍晚时分极少会客满。我的这个提议，让餐厅能更有效地利用资源。

## 再玩 10 分钟

已到午夜时分，而你在外面玩得正嗨。对你来说时间还早，而你的朋友朱晓安却觉得太晚了，他想回家。你要怎样劝说他玩到凌晨 1 点？如果你直接让他再待 1 小时，他极有可能找出借口拒绝你。如果你说多玩 10 分钟，请他喝杯饮料，他或许就同意了。在这 10 分钟里，你可以向他介绍一些有趣的 App 或新朋友，让他感觉不到时间的流逝。12 点半时，你再帮他叫辆出租车，你们离开时或许已经是 12 点 45 分了。目标不是劝他玩到 1 点吗？是的，我是说过，但是稍微妥协一下有时是必要的。

这个故事就可以用 3P 法则来分析。

### 韧性：让对方看到你的努力

你请求朱晓安再玩 10 分钟，并给他买了杯饮料，这是在向他表达：你非常看重他的陪伴。

## 视角：理解他人的关注点

朱晓安当初同意和你以及你的朋友们一起玩，是希望度过一个愉快的晚上。他打算提前离开，很有可能是觉得太闷，不愿意和你再耗 1 小时了。再玩 10 分钟听上去并不难熬，所以他会同意。也就是说，你给了他一个在 10 分钟后离开的"期权"。

## 乐观：向积极的方向思考

你开朗乐观，散发的快乐气息也颇具感染力，这就是向朱晓安发出的信号：接下来的 10 分钟会很好玩。有些人可能会问："如果朋友最终发现待的时间比他们预期的要长，难道不会觉得受骗吗？"我倒不这么认为。他们没有被困在原地。他们可以在 10 分钟后立刻离开；如果没走，那么他们显然是玩得很开心。

### 我能顺道拜访吗

在职场上，将"否"变成"是"的能力很重要。当我还在银行工作时，一个企业客户申请了一笔人民币贷款，要在上海建一座写字楼。这是一笔 10 年期贷款，贷款部的同事采用 5 年及以上的 5.94% 利率进行定价（见表 4-1）。

表 4-1　中国人民银行存贷款利率（2008-12-23）

单位：年利率

| 期限 | 定期存款利息（%） | 期限 | 贷款利率（%） |
|---|---|---|---|
| 7 日 | 1.35 | — | — |
| 3 个月 | 1.71 | 6 个月内（含 6 个月） | 4.86 |
| 6 个月 | 1.98 | 6 个月~1 年（含 1 年） | 5.31 |
| 1 年 | 2.25 | 1~3 年（含 3 年） | 5.40 |
| 3 年 | 3.33 | 3~5 年（含 5 年） | 5.76 |
| 5 年 | 3.60 | 5 年以上 | 5.94 |

　　在竞争激烈的金融世界，另一家银行向这个客户提供了一个"有创意"的贷款结构：他们没有按常规的 10 年期贷款提案，而是提出了一个为期 6 个月的贷款，到期后不断续期，直至 10 年期末截止。贷款期限短，利率低，只有 4.86%。

　　贷款部的同事来找我商量如何争取这笔交易。我便提出，美元贷款另加人民币兑美元交叉货币掉期[1]，变成一种组合式人民币贷款，综合利率为人民币的 4.5%。这个方案比对手的贷款方案更便宜，并且仍然是 10 年期贷款。我们很快向客户的财务团队提出了这个新方案，他们觉得不错，立刻把这个提案汇报给了财务总监。我们成功地争取到了这笔交易！

---

1　是双方交换不同货币本金和利息的协议。

然而，我们高兴得太早了。一周后客户告诉我们，他们不能接受我们的方案，因为他们的财务总监在听到我们的新方案前已经口头答应与另一家银行合作。

听到这个消息，我们都惊呆了。我无法理解，明明竞争对手的利息比我们高，客户为何选择他们？于是我打电话给客户，告诉他们我刚好要到当地出差，可否"顺道"拜访他们，一起喝杯咖啡。见了面，我告诉他们，根据中国人民银行的规定，银行不允许使用 6 个月期贷款利率作为长期建设贷款的定价基准。如果这家银行的"创意"方案被银监会[1]发现，会很麻烦，客户可能会受到牵连。我当天下午飞回了香港。第二天，客户打来电话，决定把项目交给我们。3P 法则在这个案例里也得到了运用。

## 韧性：让对方看到你的努力

即使客户否定了我们的方案，我仍然积极地与客户进行沟通。

## 视角：理解他人的关注点

我在这个事件中可能会碰两次壁。第一次，客户可能会拒绝在当地会面。如果我强调我专程出差去当地见他们，他们可能

---

1  已于 2018 年与保监会合并为银保监会。 ——编者注

不会同意见面，因为他们肯定会觉得我是在设法迫使他们改变决定。但当我问他们"能不能顺道过来喝杯咖啡"时，他们的压力要小很多。这相当于给予他们一个期权，让他们有权说："不，我们不会改变我们的授权决定。"接下来，我又可能面临第二次拒绝。碰面时我了解到，如果他们的财务总监在没有任何正当理由的情况下就从另一家银行撤回授权，会很没面子。于是，我强调那家银行的提案不合规，存在风险，提供了一个名正言顺的台阶。毕竟，一个不合规的融资项目不值得冒险。

## 乐观：向积极的方向思考

尽管我得知竞争对手赢得了贷款授权，交易的大门被"砰"地关上了，但我仍然不怕闭门羹，抱着一丝希望，专程去客户的城市"敲门"。

在漫长的一生中，我们遇到的拒绝要比赞赏多得多。但要想成就大事，我们应该学会使用 3P 法则去打动他人，拒绝被拒绝。

# 20

## 调制波旁可乐鸡尾酒

我在大学读书时并没有觉得实习有多么重要，没有像其他人那样利用假期去公司实习。不过，大二暑假我去一家酒吧做了助理调酒师的工作。这份工作给我的基本工资每月只有650新币，但能赚钱已经让我很高兴了，直到今天我还自豪地保留着那份雇佣合同。这个超级酒吧共有两层，可以轻松容纳1000人，我在楼上的椭圆形岛台酒吧工作，四周环绕着喧嚣躁动的人。

上班的第一天，组长给了我一份手写的鸡尾酒制作清单，要求我记熟。三天时间里，我用准备高考的精神记住了所有鸡尾酒的调制方法，还熟悉了各种杯型（高球杯、浅碟香槟杯、岩杯等）以及每种鸡尾酒所需的酒水券数量。一杯葡萄酒或啤酒要花费一张酒水券，大多数鸡尾酒需用2~4张酒水券。这里最烈的酒能很快灌醉人，它的名字不太吉利——墓地，买一杯这样的酒需要6张酒水券。

舞台上本土摇滚乐队声嘶力竭地唱着歌曲时，我抓紧时间在吧台把一切准备妥当。乐队的演出一停下来，客人们就冲到吧台，挥舞着手里的蓝色酒水券，点着诸如"螺丝起子""长岛冰茶"和"新加坡司令"之类的鸡尾酒。

穿过喧闹的音乐，一位客人在柜台对面冲我喊"甘露咖啡牛奶"。我在脑海里快速搜索前几天晚上记熟的鸡尾酒制作清单，却实在想不出这一款的制作方法。尴尬的我不想劳烦客人再说一遍，于是转身去问身后的酒保同事。他回答："棕色奶牛！"我知道棕色奶牛，这款酒在那张清单上，只是客人用了不同的名字，而我就完全不知所措了。考场上的才智这时不管用了。

最初几天，尽管非常努力，但因为缺乏酒保经验，我手忙脚乱实在无法招架。不管我的动作有多快，都应付不过来，排队的人一直散不去。乐队回到舞台，许多客人依然口渴万分，只能无奈地离开吧台。我就这样忙乱了一周。周六晚上，我又开始面对吧台前不断叫嚷着吸引我注意力的客人。有个人冲着我喊"一杯彩虹"。这是一款制作程序特别麻烦的鸡尾酒，要用 7 种不同的酒以及糖浆依次缓缓倒入杯子，调好这种五颜六色的酒大概要花 5 分钟，如果不小心出错冲乱了分层，那就砸了。

突然我停了下来，站直了身子，直视人群问道："我现在要做波旁可乐，谁想要？"立刻有一半的客人，包括那位点了"彩虹"的客人，都改口要波旁可乐。我数了数，总共 12 份订单。

我摆了一排玻璃杯，加上冰块，从第一杯到最后一杯连续不断地倒入波旁威士忌，然后拿起苏打水枪往杯里注入可乐。客人们都兴高采烈地用酒水券换波旁可乐。然后，我继续做金汤力，这是酒吧里第二畅销的酒。

客人们很开心，因为他们很快就拿到了酒。我的经理很高兴，因为我卖出了更多酒。我自己也感到很欣慰，因为我让客人和老板都满意了。

这件事情告诉我，有时候人们并不知道自己真正想要什么，也不知道自己可以接受什么。这家酒吧的客人大多只希望在2分钟内拿到饮料，但菜单上没有"2分钟就做好"的饮料，我用标准化生产的方式解决了这个问题。

我学到的这一课不仅仅适用于酒吧调酒师的工作。在金融市场部工作时，我负责了几年金融产品销售工作。有时交易在几秒之内就完成了。交易室的节奏很快，人人都很紧张，环境特别嘈杂，那个年代更是如此。交易员高声喊着汇率，销售人员通过电话与客户交谈，屏幕上闪现着最新的外汇报价以及市场动态。

我负责设计贷款利率和货币期权，帮助企业客户管理财务风险。像鸡尾酒一样，这些货币期权通常是为客户量身定制的，以满足他们特定的需求。但当某种货币变得"热门"时，对冲风险的需求可能会激增，而我们没有足够多的人手来处理大量的客户问询。客户因此抱怨我们的反应太慢。我们知道，有些客户急于向老板汇报，于是我们会将一些产品特征标准化。我们说服客户接受这些产品，以便我们更快地为其定价，客户能够在外汇价格变差之前执行对冲方案。我不禁回想起我在酒吧工作的日子：只有了解了人们最迫切的需求，你才能劝导他们。

# 21

## 远渡重洋的爆米花

辛塔抱着一大桶爆米花来到我们几个同事聚会的地点。她笑得合不拢嘴，打开远渡重洋、从芝加哥空运过来的爆米花，请我们一起分享她的最爱。那是 20 多年前的事了，当时那么大桶的爆米花在新加坡很少见，至少我没见过。

虽然我不爱吃甜食，但那个爆米花真的很好吃。不过，我对爆米花本身不感兴趣，我对它是从哪里来的更感兴趣。我们"审问"辛塔是谁让她如此快乐。辛塔是印度尼西亚人，但一直在美国读书。她坦白这份礼物是一个美国男孩送的，他知道她很爱吃爆米花。

那时的亚马逊还只卖书。从芝加哥到新加坡的运费肯定比爆米花的价格高很多。我的第一反应是不理解：不管爆米花多么好吃，我都不明白为什么有人会花这么多钱、绕半个地球，只为把爆米花送到新加坡。也许因为我是工科出身，一直被教导用数字思考，对人类情感不太重视。后来我终于明白，这笔运费绝对值得，因为这件小礼物让辛塔心花怒放。另外，这件事也让我意识到，如果想在生活中给某个特别的人留下深刻的印象，或者在工作中展示你的能力，把一件小事做好也能带来巨大的影响。

现在，我常常希望我辅导的客户能明白做好小事的重要性。我的一位客户名叫阿明，是一位积极进取的年轻人，从事风险管理工作。在第一次的辅导课上，他告诉我他希望与金融行业的资深人士建立更多的联系。结束视频辅导时，我答应给他寄一份最新版的《经济学人》和《金融时报》。仅仅40分钟后，一名快递员站在他的门外，手里拿着这两份资料。我花了大约20新币的快递费，比买杂志和报纸的钱加起来还要多，但这给阿明留下了深刻的印象。我希望借此告诉阿明，从小事做起，也能给别人留下深刻的印象。

我在银行工作期间，有一段时间被借调到上海，负责成立金融衍生品设计部门。一次去外地出差前，我让手下一名实习生张艳帮我复印三位客户的名片，我打算拜访他们。那三张名片采用双面印刷，一面是英文，另一面是中文。大多数人在复印这种名片时会图省事，把英文面印在一张纸上，把中文面印在另一张纸上。但是张艳把正反面印在了一张纸的同一面上。后来我把张艳留在了银行，给了她一份全职工作，部分原因是她小而周到的行为向我表明她会把客户照顾得无微不至。

在许多行业，很多年轻人都有很强的学习能力，可以很快学会岗位要求的技能，而做些分外的事常常能让一些人先人一步。你应该像张艳一样发挥主观能动性。知道老板需要在一位重要客户的公司附近预订一家餐厅，你可以主动提出帮忙寻找合适的餐厅并预订好座位。有些年轻人认为，餐厅预订之类的工作对他们来说太卑微了，根本不值得用心。但是如果不能做好小事，你就没有机会做大事，因为人们不会相信你能做好大事。相反，如果你在小事上也肯花心思，那么你就是在向老板和同事传递一个信息——你也可以把大事做好。

# 22

## 最有价值球员还是进步最快球员

拥有出色的沟通技巧，不一定就能影响周围的人。有时，你只有先与自己好好沟通，才能有效地与他人沟通。

2011 年，我从一家大型银行辞职，成为一家顶级国际投资银行香港分部的董事总经理。我的职务级别上了一个台阶，更重要的是，我的工作环境发生了巨大的变化。尽管我坚信自己有能力应付，却有了力不从心的感觉。我所在的部门有相当多的人都背景优越，他们要么来自富裕家庭，要么毕业于全球知名大学，或者兼而有之。而我，毕业于新加坡的一所大学，是卖虾面小贩的儿子。

我手下一位分析师员工就毕业于耶鲁大学和北京大学，能流利地使用三种语言，做起事来既娴熟又专业。

在之前的银行职业生涯中，我没遇到过几个这样的人。我在银行的金融市场部工作时，许多同事都是本地大学的毕业生，因为做销售与交易的工作通常不需要海外教育背景。在企业客户的业务中，我主要服务对象是本地企业。投资银行对我来说是一个全新的领域，我要会见更大规模企业的总裁，所以我有时会感到不知所措。

我在投行工作的第一年，在另一家银行工作的朋友黄书祥开始为我介绍他在当地的人际关系资源。"你得听听沈文才的经历！"他会这么向别人介绍我，然后大致说一遍我如何从底层开始、一步步成长为顶级投行的董事总经理。对他来说，这是一个很励志的故事。听了几次黄书祥这样的介绍，我开始想："我的故事真的很有趣吗？不丢脸吗？"当我最终明白黄书祥说得没错时，我接受了自己的成长背景——尽管现在我的身边全是优秀人才。黄书祥无意中让我改变了自我认知。

我以前的那点自卑感是错误的自我定位引起的。用体育界的话说，我总是希望成为所在领域的"最有价值球员"（MVP）。然而，我的成长和教育背景决定了这个目标几乎不可能实现，因为我的竞争对手是那些拥有优越背景的同事，他们拥有更广泛、更深入的潜在目标客户。于是，我决定改变自己的目标，我要成为"进步最快的球员"（MIP）——一个越来越出色的银行家。这是我能够实现的目标。

转变思维方式后，我意识到大多数优秀人才（包括同事和客户）要么对我职业晋升的经历感兴趣，要么根本不在乎我的家庭背景，只要工作出色就好。事实上，我能和他们一起工作，也证明了我的能力。我做了一点小小的改变、调整了自我认知，我的态度和行为也发生了变化，我变得很愿意分享我的失败，也愿意告诉别人我童年和青年时期一些起起伏伏的经历。这些经历和故事，又给我的大学讲师和专栏作家的职业新生涯提供了素材，让我得以与更多人分享心得。更真实地与自己沟通，让我现在能够更自如地与不同人对话。

希望你听完我的故事，也可以坦然对待、接受自己的成长背景。无论你出身如何，只要能在职业生涯中不断进取就好。记住，许多人甚至根本不关心你的社会地位，因为还有许多更重要的事情值得他们关注。如果你像当初的我一样感到自卑，可能只是代表你需要转变思路。毕竟，最重要的故事是你对自己讲的那个。

# 23

## 别穿"藏鸡西服"

我 20 多岁时对正装一无所知。我在英国兰卡斯特大学获得硕士学位后，决心留在伦敦工作。我很幸运地获得了几家银行的面试机会。我花了不少时间准备面试，但有一个问题：我没有西服。在此之前我都不需要穿西服。在新加坡，无论面试还是工作，只要一件长袖衬衫、一条领带就足够了。

我没有多少钱买衣服，于是我去了一家减价慈善商店，想买一件二手外套。店里的衣服没有适合我穿的尺码，所以我买了一件大得可以藏一只鸡的外套。我穿着我的"藏鸡西服"和一条不是很搭的裤子前去面试。与我相比，面试官的穿着无可挑剔，其他应试者也是如此。我所有的面试都结束得很快，之后也没有收到任何一家公司的回音。也许我的失败还有其他原因，比如我的学位和工作经验可能不足，但我的衣着也显然没有给人留下良好的第一印象。

尽管我非常仔细地研究了应聘职位的技术要求，但我对金融业的文化没有深入了解。在伦敦，银行家们的衣着都很正式、得体。我一走进面试现场，他们就认为我不适合。虽然我买不起一套高端定制西服，但要是把最后的积蓄投资在一套像样的西服上，至少可以让面试官多看看我的优点，而不是仅根据着装就否定我。

我从中吸取了教训，现在我给学生辅导时，也会告诉他们第一印象的重要性。我的一位 MBA 学生小梁在大型科技公司已有 10 年的工作经验，最近他如愿以偿地加入了一家大型金融机构，担任中层管理技术职务。他说自己第一天上班时打算穿黑色 T 恤和休闲裤，这是他在科技公司的标配。我对他说，这会给人留下糟糕的第一印象，建议他穿看起来精干的外套和西裤，这样才更容易融入银行的氛围。

在新公司第一天下班后，小梁打电话来感谢我。他惊讶于我给他提的着装建议非常管用。小梁说，他在办公室里走动时，经过的人都向他点头致意或和他打招呼，这是他以前入职新公司时从未发生过的事。

如果他穿得太随便，他的新同事可能以为他是级别低的员工，而不是高层。虽然小梁被聘用是因为他曾在两家大型科技公司，但保持其在科技公司工作的形象是很不明智的。他的新工作需要经常与营业部同事打交道，他们都穿着严谨，因此小梁必须调整自己的着装风格，与他们保持一致。

衣着得体、给人留下好印象，并不意味着你必须买昂贵的西装或衬衫，而是要选择符合你的岗位特点的服装，尤其是在你刚刚开始一份新工作时。有些年轻人错误地认为，着装不重要，所有企业现在都接受随意的着装文化。但小梁的例子表明，情况并非如此，你的外表仍然影响着你与他人的沟通效果。

衣着得体也体现了对别人的尊重。如果你问别人是否会根据穿着打扮来评判人，答案几乎都是"不会"，但在潜意识里，他们对你的看法会受外表的影响，尤其是在初次见面时。

# 24

## 演讲技巧

人们大多害怕公开演讲，普遍到有术语来描述这种感受：公开演讲恐惧症。如果你能克服这种恐惧与焦虑，你就能推进职业发展，在行业中获得更高的知名度。如果你能成为一个自信的演讲者，就会有更大的影响力。

我过去并不喜欢在公共场合讲话。从小一直到 30 岁出头，每当需要做演示时，我就会很紧张、很害怕。这对我的职业发展不利。我在一家美国银行担任经理时，有一次主管去度假，让我代替他向整个亚洲销售和产品设计团队介绍每周市场动态。我告诉他我无法主持会议，因为我正忙于备考专业风险管理师（Professional Risk Manager，PRM）。其实这是一个借口，真实的原因是我怯场。于是，他找了另一位经理来替他开周会。到年底提名晋升人员时，猜猜我的主管选了谁？没错，不是我，是另外那位经理。

如果你的工作业绩很出色，却从不在会议中开口讲话，上司就很难得知你的工作表现。即使上司想提拔你，你可能也得不到其他同事的认同，因为大家对你知之甚少。有个简单的公式可以说明此种情况。

**你的工作能力 × 演讲能力 = 别人对你的评价**

公开演讲，无论在小型团队会议上还是在大型演讲厅里，都可能是接触高层的好机会。要是你能做一场引人入胜的演讲，人们便会视你为有领导力的资深经理。

为了克服怯场，我从小范围做起。起初我给自己设定目标，在 10 位同事面前发言 10 分钟，之后在公司内部做培训，再后来，我走出办公室去大学教书，还做了首场 TEDx 演讲。那场 TEDx 演讲是一次让我胆战心惊的经历。我站在著名的圆形红地毯上开口讲话时，摄像机在我眼前推拉摇移，让我非常紧张。我排练了不下 50 次，但我还是讲得很糟糕。我真希望这场演讲没有被录下来。

一年后，我受邀进行第二次 TEDx 演讲。我很犹豫，怕自己又做不好。组织者汤米建议我讲讲自己的故事。"你说真的吗？"我问。他说我受邀在 TEDx 上演讲，说明我的故事值得分享。那场演讲在一所大学的礼堂进行，现场座无虚席。我演讲的主题是"卖面十年"。听众反响热烈。我终于明白，一场演讲的成功的关键在于有一个值得分享的故事。练习当然也很重要，熟能生巧，成功没有捷径。下面是我的一些练习技巧，希望能帮助你勇于登台发言。

## 想象自己演讲的画面

在从事银行工作的那些年里，我经常去豪华酒店参加大型会议。会议结束且所有参会者离开会议大厅后，我会走上讲台。我假装在那里找东西，以免工作人员质疑我。如果没人在场，我就会站在台上，面对空无一人的会议厅，想象自己在面对台下人头攒动的听众做演讲。我站在那里，让自己感受并适应刺眼的灯光。如果你有机会，不妨试一下，去想象、去感受演讲的场景和氛围。

## 善用道具

因为大多数人都不使用道具，所以道具很容易吸引观众的注意，让你与众不同。

我读大学时，有一次金融学讲师在讲解 1997 年亚洲金融危机期间，美国和欧洲银行的资金太少，无法承受灾难性的损失。他拿了一把小小的鸡尾酒伞签，放在他有点谢顶的脑袋上。他的这个小道具和这个场景，让我至今仍然清晰地记得他和那节课。

## 拉近与观众的距离

我曾受邀去一个我从未到过的城市做演讲，我在演讲前一天抵达那里，想趁机了解一下这个国家的文化和风土人情。我在办会议的酒店登记入住后，叫了辆出租车，请司机带我去任意一家有名的餐厅，我想尝尝当地特色，并补充说我喜欢米饭和鸡肉。他把我带到一家离我住的酒店不太远的小餐馆。我点了一份炭烤鸡肉香料饭。这是我吃过的最好吃的香料饭。在第二天的主题演讲上我以这个故事开场，台下的观众笑了，他们纷纷为我鼓掌。他们很捧场，很多人在会后都对我赞赏有加。这次演讲的成功，我想应该归功于我对当地文化的好奇以及对出租车司机推荐美食的信任。

## 用故事打动人心

与直白的事实相比，有趣的故事更容易让人们记住你讲的要点。我在大学讲授银行业务和金融学课程时，经常为学生介绍我经手的交易。我不会提客户的名字，而是用实实在在的故事告诉学生，我是如何完成交易或者怎么输给对手的。

## 寓教于乐

我经常用"观众"一词来指代出席会议、听我演讲的人，而不是使用"参会者""与会者"等。这是因为我觉得，演讲者除了要注意演讲的教育意义，还要为演讲加入娱乐效果。

有些观众不辞辛劳从外地赶来观看我们演讲，我们应该让他们不虚此行。我非常认真地为演讲做各种准备，就像在为他们准备一场演出。有一次我为忙忙碌碌的职场人士做一场关于健康饮食的简短介绍，我没有只说不练，而是亲自操刀切蔬菜示范如何制作美味的沙拉。

## 了解听众的特点，准备有针对性的内容

我曾经为一个外籍女性团体做关于时间管理的讲座。我对她们说，我每天都穿白衬衫去上班，这样可以省下早上选衣服的时间。现场观众显然很不满意，如果她们手里有鸡蛋，估计会扔到我身上。"女人不可能每天都穿同一种颜色的衣服上班！"许多人反驳我。唉……受教了。那次以后，我都会特别留意观众的特点，让演讲内容有针对性。在北京大学上课时，我尽量举一些我在中国执行过的金融交易案例。

## 把演讲录成视频

如果你想尽快改进演讲风格，可以用摄像机记录全程，会后自己回放、评估。在视频中听到自己的声音会觉得有点怪异，但只要克服尴尬，回看视频记录就是一种提高演讲能力的好方法，还省去了聘请教练的费用。

如果你刚开始练习演讲，无须马上运用上述全部技巧。我建议你每次演讲时都尝试一两个方法，很快你就会形成自己的风格，也能学会与听众保持良好互动的技巧。也许有一天，你也可以做一场 TEDx 演讲。另外，你要记住：虽然演讲技巧和风格很重要，但一场演讲成功与否，最终取决于你的故事是否精彩动人。

# 25

## 你需要 ESP

如今，视频会议平台逐渐变得热门，有时，我们的演讲会以视频形式进行。这时我们就都要有 ESP。此处的 ESP，不是心理学中"超感觉（Extra Sensory Perception）"的简称，而是指专业知识（Expertise）、表演技能（Showmanship）和制作能力（Production Skills），具体如图 4-1 所示。

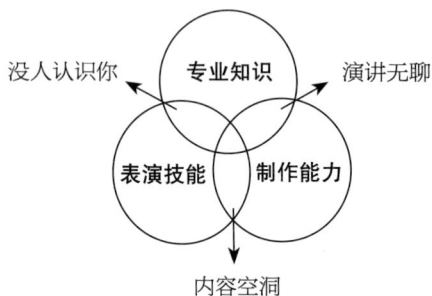

图 4-1　ESP 示意图

如果你在自己的领域里拥有足够丰富的专业知识，你的演讲会有权威性，但还不足以打动线上观众，你还必须善于表达自己的想法，具备一定的表演技能。还有，你的视频一定要质量高，这一点常被很多人忽视。即使你在讲台上表现得出类拔萃，也不代表隔着屏幕面对观众时的你同样出色，尤其是在音质或灯光差的情况下，内容再好也弥补不了制作质量低的问题。

求职者往往会充分准备面试题，想好机智的答案，却很少关注视频面试时技术方面的问题。如今线上面试越来越普遍，拥有性能良好的笔记本电脑和稳定的网络并不足以让你脱颖而出，我建议你投资一些额外的设备，以确保给人留下好印象。下文中的详细提示供你参考。

这些提示同样适用于面向客户、同事的线上演讲演示。如果你表现出色，无疑就树立了技术达人的形象。

## 如何在视频演示中给对方留下良好的印象

掌握一些视频制作的基本知识并不难，只要几个小步骤，但是没有多少人肯花心思学这些技巧，如果你学会了这些，就能鹤立鸡群。疫情迫使我着力开展线上演讲和培训业务，网络研讨会和线上演讲的邀约也越来越多。我在视频演示中融入了新技术，因此我知道一套性能优良并且使用得当的设备可以产生多大的影响。以下是 7 项基础技巧供你参考。

## 保持摄像头与眼睛平齐

如果直接把笔记本电脑放在桌上，它的摄像头会比你的眼睛低得多，视频会议中其他人的视线就会刚好对着你的鼻孔！你可以剪剪鼻毛或用支架把笔记本电脑架高，把摄像头抬高到与你的眼睛平齐。一个简易的笔记本电脑支架不贵，如果不想花钱，在笔记本电脑下面垫几本厚厚的书也能达到同样的效果。这样他们就看不到你的双下巴了。

## 准备一台变焦数码相机

架高笔记本电脑，抬高内置摄像头的高度，可以改善你在屏幕上的形象。但如果你特别想给面试官、同事和客户留下深刻的好印象，你可以考虑买 1 台变焦数码相机，那就可以调整画面构图，只显示你想让别人看到的地方，避免房间杂乱的区域进入画面。这种相机的镜头可以聚焦在你身上，同时柔化背景，让你看起来很专业。如果你不介意花点钱，这笔投资是很值得的。

## 切勿使用电脑自带的麦克风

好音质比好画质更为重要。切勿使用电脑自带的麦克风通话！它会吸收背景噪声，还会产生混响和回声。面试时如果面试官听不清楚你说的话，那么无论你有多优秀，他们都很难对你做出公正的评估。我自己使用的是电容式 USB 麦克风，用它接受广播电话采访时，主持人还问为什么声音那么清晰。

## 调好背景光线

在视频通话中，有些人会利用明亮的窗户或白色墙壁作为背景的情况，但这会让你的脸显得有点暗淡，因为摄像头会根据整个画面的平均亮度来调整整体亮度。你应该将自己的一侧靠近窗户而不是坐在窗前，这样你的脸的一侧会比另一侧稍微亮一点，这会让你的脸显得更立体。如果屋内没有窗户，你也可以用台灯将光线反射到墙上，照亮一侧的脸。一盏小灯已经足以显著提高视频的质量。

## 布置好背景

不要使用虚拟背景，家中的实物背景可以体现你的个性和兴趣爱好。例如，你可以展示书架、植物和刚刚赢得的奖杯。这些陈设会引导面试官问与之相关的问题，你就可以顺理成章地说出你的成绩或爱好。一个恰到好处、整洁有序、有创意的背景布置，肯定能给你加分。

## 微笑，举手

视频里其他人看不到你的全身，读不出你的肢体语言，也感受不到你的热情,所以你要比平时多微笑,露出你对他们的话感兴趣的神情。通话时,你要尽量让观众看到你的手,这样更容易赢得对方的信任。你要把手举到耳朵的高度,这样人们才看得到。

## 分享工作成果

如果进行线上面试,你可以跟面试官分享一些工作示例,你可以说:"我读硕士时做了一些仿真模型,您要看一下吗?"在工作会议或客户电话中,共享屏幕是常见操作,你可以通过一些应用程序共享你的手机屏幕,当场示范,这会让对方印象深刻。我在视频演讲时会在视频中把图像拉到我的脸旁边,这个操作立刻显示了我是技术高手,与他人相比,高下立判。

## 制作视频简历

视频简历,即一个介绍自己过往成就和职业理想的短视频。现在越来越多的雇主要求应聘者提供视频简历。即使你的应聘单位没有此项要求,提供一份视频介绍也必然会让人印象深刻。视频简历也可用于营销,例如作为履历发给新客户,方便他们认识你,或作为在大会上发言时的自我介绍。以下是制作视频简历应遵循的 7 个关键步骤。

### 第一步，创作内容

从你的书面简历中选择3~5个重点来介绍，还要添加新的内容，说说你可以给雇主带来的两三个额外好处。例如，你可以帮助雇主吸引新客户或提供新产品信息等。如果我想展示请我去演讲的好处，我会说："我能帮助您吸引与会者报名参加活动。我不仅准备了很有趣的内容与观众互动，还会进行高水准的直播。"如果你能讲个自己的故事，让你的视频简历更令人难忘，效果会更好。

### 第二步，写好脚本

把你打算说的话添加到提词器中，然后大声朗读，修改听起来不自然的地方，直到语言流畅。应用市场中有一些免费的提词器应用程序，你可以把它们下载到手机上或平板电脑上。

### 第三步，录音频

你可以先把脚本录成音频，然后多次回放，试听自己声音如何。如果你很少听自己的录音，可能需要多听几次才能接受自己的声音。

### 第四步，准备几张幻灯片和照片

你可以将几张幻灯片和照片添加到视频中。例如，用幻灯片呈现你的教育背景和前雇主的徽标，或者放几张工作照或生活照等。

## 第五步，拍摄

用手机或相机将朗读脚本的过程录制下来。

## 第六步，编辑

你要对视频进行编辑，加上幻灯片和照片。

## 第七步，保存并转发

最后，你要把视频简历保存在共享空间里，在书面简历上加上视频链接。

制作视频简历本身就是一项很突显个人能力水平的技能。你在视频中审视自己，特别是在多次微调脚本后，你的演讲技能必定会提升。我认为做视频简历的能力，很快就会变得和面对现场观众自信演讲的能力一样重要。如果今天你能制作出一份出色的视频简历，你就已经领先一步了。

## 第 5 章

# 你其实也在做销售

# 26

## 自我推销七步走

在职业发展中，归根结底，我们是在售卖自己的服务和时间给工作单位以换取服务费。但是很多时候，我们都不会自我推销，不擅长争夺一个竞争激烈的新职位或一个晋升名额。拥有工程师背景的我，刚入职场时并不喜欢销售，总觉得销售是在卖狗皮膏药。结果，我却做了20多年金融产品的销售工作。为了培训团队和学员，我把销售过程分成七个步骤。这七部曲也适用于找工作。

下面的销售七部曲（见图5-1）还会被用于本书其他章节，届时你可以翻回此处进行复习。

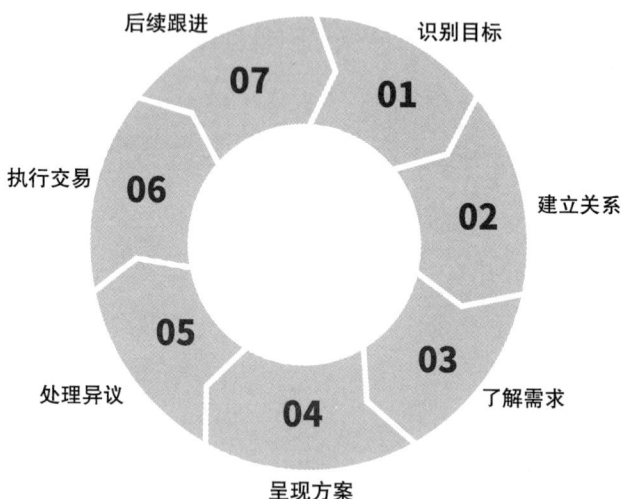

图 5-1　销售七部曲

## 第一步，识别目标

首次考虑换工作时，你应该瞄准两类人：内部联系人和外部联系人。前者是指那些已经在你想应聘的公司里工作的人，还有那些正在从事你心仪的工作的人。他们是知情人，可以帮助你了解公司文化、相关工作要求以及部门设置、汇报层级等信息。外部联系人是可以帮助你介绍工作的人。熟人推荐的成功率较高。我在招聘新人时，除了在招聘门户网站上做广告，还会请组员、其他部门的同事、前同事、业务伙伴甚至客户推荐候选人。我也会找大学里的职业顾问，因为他们可能认识符合我要求的学生和校友。内外部联系人都可能出现在社交媒体上，你要花点时间把这些目标人物找出来。

## 第二步，建立关系

识别目标对象后，你就要与他们建立融洽关系，阅读他们的帖子，与他们在线交流，试着与他们见面。比如请他们喝咖啡、讨论行业趋势，或者邀请他们来你的大学、公司或兴趣小组演讲。如果你有能力，可以主动为他们提供帮助。只要与其中几个人建立了融洽的信任关系，你就足以获得有价值的信息，所以如果其中有人不愿意与你太亲近也不要灰心。建立融洽的信任关系、赢得别人的信任是一个漫长的过程，可能需要一两年的时间，所以别指望刚开始接触别人，马上就能找到一份好工作。

## 第三步，了解需求

如果你很想去某家公司工作，就要做些深入的背景调查以了解公司的需求。询问你的内部联系人，他们公司招聘员工时看重什么。也许他们公司希望应聘者懂一两门外语；或者招聘过程需要做案例研究的演示，这时演讲技巧就至关重要。另外，你也可以趁机了解一下公司文化：办公室里的人际关系如何？任免员工是不是比较随意？弄清楚公司文化再决定要不要应聘那份工作，不仅能帮你为面试做好充分准备，还能确保你知道在那里工作的状况。

## 第四步，呈现方案

如果你经人介绍去应聘一份工作并收到了面试通知，那么这时你就要充分利用你此前所做的背景调查。你已经知道雇主的需求，因此可以向他们提出方案：你自己。如果你了解到这家公司强调创新能力，那么你在面试时不要只说自己有创造力，还要讲个故事解释你是如何用创意解决问题的。记得主动告诉面试官你可以为公司带来的好处，最好现场展示你的能力。例如你可以带着 iPad 去面试，直接展示你过往完成的项目（注意不要泄露商业机密）。

## 第五步，处理异议

你不会符合招聘人的所有条件（你如果完美符合条件，反而应该担心，因为毫无成长空间），所以，你应该提前准备好应对面试官对你的质疑。你可以将自身弱点坦诚相告，先发制人，打消他们对你能力的怀疑。例如，如果你的英语表达不太流利，你可以强调你一直在学习商务英语、看了很多英文原版电影，还结交了外籍朋友练习口语。

## 第六步，执行交易

如果你得到了非正式的口头录用通知，千万不要掉以轻心，这份工作还不是你的囊中之物。有些公司可能会突然冻结员工名额，或者无法申请工作签证，或者在最后一刻选择另外一位候选人。这就是你需要在收到书面录用通知前与招聘经理保持密切联系的原因。如果他们看到你是一个执着而坚定的人，就有可能向总部申请特批名额，或者提出申诉为你争取工作签证，或者在你与另一候选人之间选择你。

## 第七步，后续跟进

现在你签好了书面录用通知。你在等着获得学位，或者等着完成现公司的工作交接。此时，你不要只顾沾沾自喜，也不要给自己放大假。入职前的几周或几个月，是为兑现面试时的承诺做准备的好时机。例如，如果你对面试官说会提高编程能力，你就要利用这段时间跟进这件事，参加培训就是个不错的选择。

　　这 7 个步骤并不是一次性的。在新岗位工作 6 个月后，你就要开始为 3 年后的升职或调职做准备。你要找出哪些人可以帮助你实现这一目标，以内部调职为目标时可对这套销售流程稍加调整。在整个职业生涯中，如果想不断地推进职业发展，你就必须不断重复这个循环。

# 27

## 推销好处，而不是特点

上文提到，销售七部曲的第四步是呈现方案：你自己。在深入探讨如何展现自己前，我们假设你在鞋店上班，店长让你销售一款专为驾车人士设计的平底鞋，零售价约为 500 美元。你要如何推销这么贵的鞋呢？

一个办法是详细介绍这款鞋的工艺特征，比如橡胶鞋底——如果你驾驶的是跑车，驾驶座椅偏低，踩油门时容易打滑，而橡胶底的鞋可以防止打滑。不过，这一特点并不独特，加上鞋的外观与其他平底鞋差别不大。如果你想让消费者爱上这款鞋、产生购买欲，就要在这款鞋能给他们带来的"好处"上下功夫。

购买驾车鞋的人通常是爱车族，愿意在车上花钱。因此，推销这款鞋时，你要对潜在客户说，这款鞋与他们爱车的气质浑然一体，即使没坐在炫酷的跑车里，穿上这双鞋也能让人想到他们是爱车族。有些人喜欢把车钥匙放在餐厅的桌子上，这无非在炫耀他们开的车。而仅凭脚上的鞋就能让车主巧妙地把话题引到他们珍爱无比的汽车上，这就是买这款鞋带来的一大好处。所以，把鞋子定义成必备的汽车配件，强调鞋给这些爱车族带来的好处，会让他们认为，与花在汽车上的数十万美元相比，500 美元便是九牛一毛了。

在职业发展中，我们也可以关注好处而不是特点，尤其是在对雇主面临的问题提出解决方案时。下面我举 3 个例子来进一步解释。

## 调职去中国香港

我在银行的上海金融市场部工作了一段时间后，老板鼓励我申请调入位于香港的全球资本市场部。但这不是一次简单的调动，我需要与另外两位同事竞争这个机会。我们都飞到当地去面试。

当时我是如何向招聘经理"推销"自己的呢？我本可以向他介绍我的金融产品知识、工程专业背景和量化能力这些主要特征，但我认为这些特征不足以让我获得这份工作，于是我决定突出我的定量分析能力，让它成为我可以带给他们的好处。我向招聘经理介绍说，我开发了一套定量分析工具，可以识别企业客户面临的风险。如果他录用我，我可以运用这些独特的工具为客户进行金融风险分析，并为他们提出资本市场解决方案。我不仅可以销售我负责的金融产品，还可以帮他的手下销售资本市场产品与服务。和我竞争的候选人很可能只强调了他们丰富的产品知识，而我解释了我如何帮助团队赢得更多业务。上司很喜欢这一好处。于是，我获得了这份工作。

## 会用 Excel 也能成为好处

熟练使用 Excel 或许是工作的必备技能，但即使 VBA 编程或使用 VLOOKUP 函数是你的强项，Excel 仍然只是你的一项专长。要将这个能力转化为公司聘请你的好处，你就应该告诉你的上司或面试官，你能够使用 Excel 对团队的一些重复性、单调工作进行自动化处理，这样大家就能腾出时间做能产生更大效益的工作。

## 工作时间灵活

在与年轻的职场人士交谈时，我发现他们中的许多人都形容自己"工作努力、认真负责"。但这些优点是特征，他们没有解释公司如何能从员工的勤奋中获益。如果你还年轻，还没有孩子，你可以说自己时间灵活，一旦有紧急任务你可以加班。这样，你的上司会清楚地看到其中的好处。

把一项能力、一个特点能带来的好处说清楚，仅凭这一小小的动作，你就可能在公司内部赢得发展机会，或者在求职时获得先机。如果没有清楚地陈述你创造的价值，那么 10 年的工作经验对他人而言并没有多大的意义。

你可以立即想想如何将你的特点转化为好处。从简历中选择一些特点，例如具备双语能力、知道如何编写计算机程序、喜欢为客户服务等，然后花一些时间找出每个特点现在或未来能为公司带来什么好处。

要推销好处，而不是特点。

# 28

## 出口之言，弦外之音

现在你得到了那份心仪的工作，接下来你要考虑晋升的事情。无论你认为自己多么善于自我推销，你总会遇到障碍和反对意见。我从很多次的挫败中学到，要跨越障碍，你应该与同事和同行建立密切、融洽的关系。关系越融洽，反对意见就越容易被克服。

可惜太多人颇为短视，在有急迫需求或有利可图时才想到与人亲近。但人际关系不是这样运作的。你需要做长远打算，并且要多付出、少索取。下面的例子就说明了这一点。

### 了解目标对象的人生阶段

想与某人建立融洽的信任关系，你要先了解他们的人生阶段。新近得子的人不太可能接受晚上喝酒的邀请，但可能会同意与你共进午餐。我知道对年轻人而言，交朋友很重要，所以我经常为他们安排社交活动。

许多年前, 我与一位新朋友苏玲见面, 我们边吃午饭边聊她的两个孩子以及他们喜欢做什么。我告诉她有一部动画片, 讲的是两兄妹的搞怪故事, 两个主人公的年纪和她的孩子差不多。苏玲很感兴趣, 饭后我买了这部动画片第一季的 DVD 并快递到她的办公室。她的两个孩子特别喜欢这部动画片。想与某人建立融洽的信任关系, 你可以花点心思买件与他的生活相关的小礼物。

了解别人的人生阶段才会知道别人的需求, 这样才会更容易建立融洽的信任关系。

## 一个小行动建立起的信任

在一家商业银行工作时, 有一天上午, 我和团队与一位重要的地产商客户开会, 竞标一个衍生品方案, 用来对冲商业地产贷款利率风险。这时, 地产商财务总监亨利开玩笑说我们来得太晚了, 拿不到这笔生意了, 因为其他银行送了月饼给他。当时正值中秋节。"月饼已经在我肚子里了, 哈哈哈。"他说。

我们回到办公室, 我立刻让同事给亨利买盒月饼。但她说买不到, 因为中秋节过了。我建议改成一小盒巧克力。她说: "客户不是认真的, 不着急。"我对她说不能等, 当天下午就要把巧克力送过去。午饭后不久, 我们收到亨利的一封感谢信, 他说很感谢我们送去了巧克力，还说他提月饼的时候是在开玩笑。别上当！通常人们想向你传达不愉快的信息时，会假装是开玩笑。

好几家银行都给亨利提了方案，都很有创意，到底用哪一家让他着实头疼。虽然他没说，我们的会议一开始，他就已经做好决定不让我们做了，他用月饼的事来暗示我们做好被拒绝的准备。

但是一盒巧克力救了我们！我们最终从亨利那里拿到了这笔交易。不是因为送礼物，一小盒简单的巧克力没多少钱（银行对送客户礼品有严格的规定，不能超过 100 新币，还要主管批准）。送巧克力表示我们重视他所说的每一句话，这强化了我们之间的融洽关系，使我们更容易克服谈判后期遇到的障碍。如果我们不把亨利的月饼之说当成一回事，结果可能会不同。我们在和别人打交道时，要听得懂他们的口中所言和弦外之音。

## 用敬业精神建立信任

叶卫东是我的一位上海客户，有一次他邀请我一起吃晚餐。我不得已拒绝了他，但我们的关系不但没有受到影响，反而加深了。我拒绝他的原因是我要在家练习普通话，为叶先生公司的金融产品培训做准备。叶先生是我的新客户，他对此印象深刻，认为我为了保证培训成功而放弃社交活动是很敬业的。那天晚上，我的一个小行动奠定了与叶先生长期信任关系的基础。

## 拍摄活动照片

如果你参加了一场活动，听了一场很受启发的演讲，想认识演讲嘉宾，那么你可以拍一张他们在舞台上或视频会议中演讲时的照片。演讲者无法给自己拍照，所以他们会感激你帮的这个小忙，并因此记住你。我演讲时，如果有观众给我发演讲照片，我一定非常感激他。

## 让关系在时间中沉淀

有时，你想与某个人建立关系，但对方不一定会像你希望的那样热情回应。他们可能有什么急事要处理。在这种情况下，我会利用时间的流逝来建立信任。首次见面后，我不会狂轰滥炸般给对方发信息，而会等一两个月再联系。一年内给他发四五条消息，比一周内发相同数量的消息更能建立信任。如果你在一年后仍然愿意与他联系，那么对方会感觉到你的诚意，更有可能做出回应。

## 列个有效联系人名单

不要经常"骚扰"你的联系人，但也要定期保持联系，不要让你们的融洽关系变淡。我把想保持联系的人列了一张名单，每隔几个月就会翻阅一次，看到很久没有联系的人，我会发消息问候他们。人品好的人，信任我、激励我、与我有共同兴趣爱好的人都在这份名单上。我的名单不限于位高权重的人，里面也有学生、粉丝只要他们有热情、有想法。我出差到一个城市之前，会查一查我的名单，看看那里有没有我想见的人。你列自己的联系人名单时，没有必要过于在乎他们能给你带来什么好处，这是一个长期的项目，我们的关注事项会随着时间的推移而发生改变。我建议你最好仅用是否喜欢和信任作为标准，还有，一定要相信这些人将来会比现在更成功。

上述例子表明，即使是资历尚浅的人也可以通过一些小事与人建立融洽关系。在会议上拍照、买份应时应景的礼物或帮点小忙，这些都不需要资历。这些年来，无论我到哪一家公司工作，一些客户都仍与我合作，因为他们相信我说到做到。你的人际关系越牢固，就越有可能获得工作推荐或生意机会。当你遭遇反对意见而无法解决麻烦时，应该回到第二步，试着与对方建立融洽的信任关系。

# 29

**棘手的问题**

　　我十几岁时，学校一放假，我就和"水果之王"有个约会。约会地点是我姨妈的水果店。载满榴梿的货车一到，我就出现在店门口，帮忙卸下装着带刺绿色水果的大筐子。此时，空气中开始弥漫它独一无二的味道，闻到的是水果香味还是刺鼻的臭味，因人而异。

　　我对榴梿是一"闻"钟情。榴梿的销售旺季刚好在 6 月和 12 月新加坡学校放假的时候。所以，对我来说，到姨妈的店里帮忙并不影响功课，虽然我偶尔会被"水果之王"扎到手。

## 了解不同客户的需求

　　除了发现自己对榴梿的钟爱，我在水果店的"实习"也让我了解了姨妈的生意经。我意识到了解客户需求是一项重要的技能。姨妈比银行家还厉害，她对形形色色的顾客了如指掌。

看到一位想给家人买榴梿的父亲把豪车停在水果店外，她就知道他会买很多。如果只想买一两颗，他没有必要冒险把车停在双黄线上。就像麦当劳里的收银员一直问"先生您要换大份套餐吗"一样，这时姨妈会把握机会向他推销更多的榴梿。

如果一个年轻人带着女朋友来店里，两人打扮入时，像要去参加聚会，姨妈就会卖给他们一个等级最高的榴梿（意味着最贵且利润最高）。她知道女孩不好意思吃太多，而有女朋友在场，男孩也不好意思买便宜的或者和姨妈讨价还价。

如果一对夫妇拿着几个大筐来，姑妈就知道他们想要买大量便宜的榴梿回家做甜品，他们对品质没有要求。这时，她就把一些价格便宜但质量稍差的榴梿卖给他们。这并不是在故意坑他们，而是在满足他们的需求。

## 让客户高兴

姨妈非常了解顾客的需要，总能让他们满意而归。上文那位父亲一周前也来买了榴梿，但他把车停在了几百米外的停车场。他最多只能拿 4 颗榴梿（较大的榴梿重约 2 千克）。那天晚上，他的家人因为水果不够吃而发生争执。他的岳父岳母来看他们，嫌他小气。于是今晚他把车停在了商店旁边，买了很多榴梿，肯定够一大家子吃，他很满意。今晚他是一位体贴的丈夫、慈爱的父亲，还是个大方的女婿。这都要感谢水果店老板娘卖给他更多榴梿。

另一边，年轻人的女朋友也很满意。她觉得自己的男朋友有品位，对她好，因为他买了颗最高级的榴梿。姨妈知道这对恋人只会吃一颗榴梿。"甜点之王和王后"也很高兴，因为姨妈把他们当成贵族对待，尽管他们买的不是最完美的榴梿。如果他们没来买，这些次等榴梿隔天会被姑妈扔掉，不仅没钱赚，还会遭受损失。

## 开门第一单

一天早上，我正把榴梿按个头分类，一位母亲带着个小男孩经过商店时放慢了脚步，她看了看榴梿。我问："您想尝尝吗？"她指了指每千克 10 新加坡元的榴梿。我挑了一个榴梿，闻了闻底部，没有味道，这说明它不太熟。又闻了几个后，我挑了一个已经出味儿的榴梿。

秤上的红色指针读数为 1.5 千克。我问："15 元可以吗？"那位母亲点了点头。太棒了，我想，自己就要成交一单了。当地卖水果的摊主一般认为第一单生意的成败会影响他们一整天的生意。我左手戴着手套扶着榴梿，用一柄很粗的切刀扎进水果底部的星形长纹中，正要切开它，突然听到那个男孩拽了拽他妈妈的手轻声说："我想尿尿。""我们改天再来。"男孩妈妈对我说。得，没卖成。

我希望自己不会被开门第一单影响一天的生意，于是我问姑妈如何规避"尿尿风险"。她没什么销售手册可以参考，但她有一些很实用的销售技巧。如果顾客是带着孩子的父母，她总是会先和孩子说话。"放学了？"她会问。孩子会害羞地点头或摇头，也可能会不说话盯着她。"你想吃糖吗？"她会接着问。哪个孩子不爱吃糖？我心里想：啊，这就是规避"尿尿风险"的方法——先哄孩子开心。

## 从水果到金融

读懂别人行为的能力不仅在卖榴梿时有用，在与同事打交道时也很有用。有一次，我正一个人在投行的茶水间吃午饭，这时法务部的凯伦进来了。她从水池旁拿了一个干净的杯子，从饮水机里接满水，咕噜咕噜地大口把水喝完，似乎想快点回到座位上处理交易协议。但她用了整整 2 分钟的时间用洗涤剂清洗杯子，彻底冲洗了两遍，然后把杯子放回托盘上。看到她的这些举动，我决定进一步了解凯伦。果然，她做起事来同样尽善尽美，对同事也非常细心周到。如果你留意到有同事下班前总是把办公桌整理干净、锁好抽屉，你就可以断定他们是严谨而仔细的。如果你想说服这种风格的人做一件事，就应该向他们解释清楚可能出现的风险，争取确保他们面对的风险是最小的。

除了行事风格，同事所说的话也可以给你提供一些线索，让你了解他们的想法。杨萱在另一家金融机构做客户经理，有时在向客户发放贷款前，她需要向高级信贷风险经理王科请求信贷批复。杨萱给王科打电话时，这位信贷经理经常说："有事儿快说，我待儿还要和林总开会。"杨萱很恼火，林总是公司的高管，而王科总是炫耀他与高管的亲密关系。

像榴梿店家分析顾客心理一样，我们来分析一下王科的行为。如果有人在你面前炫耀，那么这个人可能很重视你。一方面，如果杨萱是底层的同事，王科根本无须费心拿高管来说事；另一方面，王科与高管的关系可能是他唯一的强项。他不如杨萱能干，杨萱是一位很受欢迎的客户经理，为公司创造了丰厚收入。当杨萱弄明白原因时，她开始对王科的行为变得宽容。而感觉到杨萱对自己的态度发生了变化，王科批复信贷申请时也不再为难杨萱了。

如果你的同事一直吹嘘他10年前的成就，你不必反感，因为你可以据此断定他们在过去 10 年里没有取得多大成就。如果你的同事不断提到他们过去工作过的大公司，你不要怯场，因为这表示他们可能对现在的工作感到不安。他们担心你会看不起他们，他们并不知道自己在无意中打开了自我防御机制。

相反，如果一位同事表现得很友好，对你说"我把你看成我们团队的一员"，你也不能轻信，说不定对方很善于处理职场人际关系。

下次你与难相处的同事发生棘手的问题时，你就可以戴上榴梿店家的手套，试着分析他们的行为和需求：他们到底想掩饰什么？

# 30

**提供赠品**

星耀樟宜是新加坡樟宜机场里一个壮观的购物和餐饮场所，从远处看，它就像一颗巨大的宝石。你一走进这座像温室一样的建筑便会眼花缭乱。一间间商店坐落在郁郁葱葱的梯田中，里面有 200 多种植物，壮观的室内瀑布"雨漩涡"位于正中。"雨漩涡"收集雨水，并将雨水从一个 40 米高的倒置的圆顶上倾泻下来。

星耀樟宜开张不久，我就去参观了。我留意到一家冰激凌店外排着长队。空气中有一股迷人的香味，那是现场制作冰激凌筒散发的味道。但这并不是人们排长队的原因。他家之所以受欢迎，是因为顾客可以先尝再买。免费试吃已成为该店的常规操作，即使人们已经知道他们想要买哪个口味也可以试吃。

员工们提前准备了许多冰激凌棒，方便顾客品尝各种异国风味的冰激凌，避免有人因不好意思而放弃品尝。这一小行动有很好的商业意义，因为它鼓励顾客品尝更多的口味。参观星耀樟宜的人见到此景会想，这家公司一定有好产品，否则它肯定不敢在人们还没付钱时就发放那么多赠品。

经验告诉我，提供免费样品对我们的个人职业发展也有用处。

## 免费试讲进入教学领域

我刚开始讲学时，在新加坡一所大学免费讲了 3 年课，先是讲授与金融工程有关的内容，后来讲授企业风险咨询的课程。我对这些内容很了解，但我没有任何教学资质。如果我要报酬，请我讲课的教授就要做很多行政工作，还要面临学校内部麻烦的审批程序，因此我免费教学能让他轻松些。我也羞于提及课酬问题，因为那时的我还不知道自己能否胜任教师工作。但我已经对培训年轻人产生兴趣，所以经济回报并不重要——能被邀请到一所顶尖大学讲课已经是我的荣幸了。

我不要课酬的小行动不仅帮我拿到了第一份教学工作，还成就了一个让我收获颇丰的第二职业，让我后来得以在多所高校担任讲师。我搬到上海后，依旧回新加坡讲课，学校开始支付我的差旅费用。那是在学生们表示喜欢我的课、教授对我的工作很满意后才发生的。有了教学经验，加上学生们反馈不错，教授得以轻而易举地证明付我报酬的正当性。如今有朋友说他们喜欢教课，然后问我薪水是多少时，我都会建议他们先考虑免费试讲，积累经验和资历后再去争取正式的教学工作。

## 要不要分利

我曾在一家大型投资银行的固定收益部门工作，但我主动帮助负责股权产品的经理销售他的产品。我没有立即问他收益如何分成，或者我的年度奖金会不会增加。对我而言，更重要的是学习股权交易业务，证明我也能胜任这方面的工作。事实证明，我不把注意力放在短期的回报上是正确的。首笔交易成功完成时，经理说他很高兴我把他的产品推向了更广泛的客户群。销售他的产品大大加快了我的学习速度，这比我参加培训课程要高效得多。如果你有机会在工作中承担新的职责，要珍惜它对你未来的职业发展和技能提升的好处，不要担心短期内会不会加薪，当你为公司带来足够的价值时，你的工资或奖金一定会增加，否则公司只会眼睁睁地看着你跳槽到竞争对手那里。

## 黛比如何找到理想工作

我在风险管理部门工作时，部门内有一位名叫黛比的管理培训生。接受银行的培训计划并在几个部门做短期轮岗后，黛比被分配到我们部门担任全职工作。但她不想从事风险管理平台的工作，她有出色的沟通技巧，觉得自己更适合销售或交易的职位。

黛比从未放弃她的梦想。她每天早上 7 点主动到银行交易室免费工作（检查前一天的交易），然后早上 9 点再到我们部门上班。她在两个部门的工作都做得很到位，一年后，黛比如愿以偿地被调到交易室工作，所有人都为她高兴。无偿工作是一个艰难的决定，但它为黛比带来了回报，它改变了她的职业生涯。人们有时认为，他们可以等待并希望出现内部调动这样的重大职场突破。但希望不是一种策略，提供免费服务才是。

无偿工作很少能给你带来立竿见影的职场进阶成效，但长远来看，它可以为你创造发展机会。要记住，没有人会命令你牺牲自己的时间，你必须积极主动地寻找新任务，表达你的想法，就像黛比愿意每天早上进行额外工作一样。

今天不计酬劳地付出时间和精力，日后你将得到回报。下次经过免费试吃的冰激凌店时，你就会明白这一策略的意义以及它如何适用于你的职业发展。店家吸引你一次次光顾带来的收益，比免费冰激凌的成本要高多了。

# 31

## 一边盯 CEO，一边盯 CFO

我偶尔会举办企业中层的晋级培训。培训开始时，我喜欢做一个不同寻常的破冰游戏。

我把组里互不相识的人结成对子，让他们互相交换三件私人物品，比如钱包、手表、戒指，并花几分钟的时间研究一番对方的物品。然后，我让他们根据看到的物品，猜猜对方有什么特点。我听到的描述有"井井有条""时尚""朴实""顾家男人"之类的评语。如果有人拿出一个旧钱包和两件很新、很贵的东西，那么钱包很可能是心爱之人送的礼物，他保存了这么久，应该是个感情丰富的人。大晴天还随身带着雨伞的人，应该很谨慎。有高端手机和一些高级玩意的人，可能是个技术潮人。

我问参与者听到对方对自己的观察后有什么想法。他们大多同意对方的描述。虽然这个练习很简短，判断不是百分百正确，但它确实说明，留意观察一些微不足道之处会有收获，借此你可以快速掌握一个人的重要情况，与他建立深厚的关系。

## 辨识熟面孔

我外出散步时从不低头看手机，我喜欢在街上搜寻熟悉的面孔。你也可以试试看，你会惊讶地发现自己能看见不少熟面孔，甚至还能碰到久未谋面的人。有一次，我在伦敦一个金融区的金丝雀码头过马路时，瞥见了前同事尼克，我已经15年没见过他了。我们在人行道上聊了一会儿。如此巧遇一位老朋友真是太开心了。

乘飞机时也是如此。从北京飞往香港时，我通常乘坐周五下午6点的航班。在北京工作了一周的香港人周末回家度周末时常常选择这个航班，所以我总能见到熟人。登机时，我会边走边留意过道两侧有没有前同事、客户或其他熟悉的面孔。如果你一直约不上客户见面，却在这里碰上，那么4小时的行程可以让你们聊个够，你也会有个全神贯注听你讲话的听众。有些人今天是竞争激烈的对手，明天可能就会成为合作伙伴或同事，如果你认出他们，他们会很开心。一次简短的空中交谈可能成为一段合作共赢关系的开端。

在街上、飞机上或任何地方，睁开双眼看看四周，你就可能抓住被你错过的社交机会。

## 首份工作的救星是我的耳朵

我的第一份工作是外汇销售，我的主要任务是接听客户打来的电话，执行他们的外汇交易订单。现在外汇交易在电子平台上进行，但在那个年代，我们采用手工操作。我坐在交易室里，办公桌上有一排排红色 LED 指示灯，有电话进来时指示灯会闪烁。最上面两排灯最重要，被称为热线。只要其中一个热线灯开始闪烁，我必须立即按下按钮，因为这是一个来自大型公共部门或跨国公司客户的电话。如果客户来电交易外汇，比如购买价值 5000 万美元的日元，我通过传声带向日元外汇交易员大喊。我俩的对话会是这样的。

"美元换日元，50 球。"我说。我们不使用百万这个单位。

"20/22。"交易员回应。他说的是，银行买入价是 108.20，银行卖出价是 108.22。我们都知道大数字 108，因此只说小数点后的数字。

我立即传达卖出价"22"给客户，询问他们是否愿意交易。如果他们同意这个价格，我会喊"我的，22！"然后交易员确认交易执行："22，成交！"

那时的外汇交易并不是每一次都那么顺利。有时客户需要好几秒的时间来考虑是否买入（用交易室的行话说是"击中"我的报价），而价格在这个短暂的时间内可能发生变化。我和客户通电话时，也要留意交易员有没有喊"off"，这表明价格发生了变化。我听到交易员喊了"off"，就得在客户决定"击中"我之前立刻告诉他们。如果我反应不够快，就可能让银行赔钱。如果上述交易的价格上升到23，那就是5000美元的损失。这一切发生在几秒之内。在这个高压的环境中，我必须时刻竖起耳朵，一边聆听客户的话，一边聆听交易员的话。

交易室里时刻上演的，是我早年接受的关于"倾听的价值"的培训。无论你做什么工作，密切关注周围的人说了些什么是至关重要的，尤其是在工作任务繁重的时候。倾听技巧可以让你掌握与你共事之人的优先关注事项。

## 学习同时处理多项任务

不要让别人告诉你，你不能同时处理多项任务。你能，只要训练自己。如果你参加过大型国际会议，应该见过会场的角落有个小棚子，里面坐着大会翻译，演讲嘉宾在台上讲，翻译将演讲内容译成另一种语言，通过耳机传送给与会来宾。

这些能力出众的同声传译几乎可以实现边听边说。有一次，我近距离接触了一位翻译。那次，我带着我们投行的并购主管去见客户。并购主管是一位经验老到的英国银行家，客户是国内一家大型企业的 CEO。我们要讨论一笔潜在的并购交易。

并购主管不会说中文，而客户不喜欢用英语交谈。如果我自己做翻译，会议时间会延长一倍，这会影响讨论的进展。好在这位 CEO 的私人助理海冰能做同声传译。她就坐在 CEO 身后。她一边听我的英国同事讲话，一边对着麦克风轻声翻译，CEO 戴着耳机听她的翻译。多亏海冰这种同时处理多项任务的能力，我的同事和客户得以用不同的语言同步讨论一个大规模的收购项目。

这种技能并不是一朝一夕就能掌握的。在同声传译培训学校，学员们需要训练大脑的多任务处理能力。我知道其中一种训练方法是，学生和老师一起爬楼梯，老师边走边和他们说话。然后老师会突然停下来，问学生他们刚刚爬了多少级台阶。这些才华横溢的翻译人员不得不一边交谈、一边数台阶。这种培训不仅针对他们的语言技能，更是在强化他们多任务处理能力，这种能力是同声传译事业能否成功的关键。

我同时处理多项任务的能力无法与同声传译相比，但这个技能在我的工作中也是必备的。假如我在打电话，团队里一个新人在与客户谈话。这时我必须一边讲电话，一边侧耳留意新人在和客户说什么，如果他们夸大其词或给客户提供了错误的信息，我就必须马上介入。发展多任务处理能力，会让你在职业生涯中承担更多、更高级的职责。

## 学会眼观六路、耳听八方

你能不能做到眼观六路、耳听八方，同时完成首要任务？假设你在与客户开会，对方的 CEO 和 CFO 同时在场，你应该同时关注他们两个人。CEO 可能是主讲，但你也不能忽视 CFO。观察他们的肢体语言，你或许可以找到判断他是否同意 CEO 的话的线索。一只眼睛盯着 CEO，另一只眼睛盯着 CFO，还要用一只耳朵留意你的同事——你讲话时他们可能会想补充。

在大型会议中，许多人只会狭隘地关注自己与上司之间的对话，这意味着你忽视了集体讨论中可能出现的很重要的微妙之处。下次开会时，你要试着留意那些沉默不语的人的肢体语言，对每个人都要睁大眼睛看、竖起耳朵听。职位最高的不一定是最终决策者，也可能不是最有话语权的人。留心些，你要仔细观察他们的行为，怀着好奇心倾听他们的话，你会因此掌握更多信息。最重要的是，善于观察可以帮助你在公司内外建立更有效的业务关系。

第 6 章

# 人生从不会一帆风顺：
# 兵来将挡，水来土掩

# 32

## 谢思怡的挑战

　　我是现代建筑的爱好者，一直很喜欢新加坡的莱佛士坊一号（One Raffles Place）。这座位于中央商务区中心的 63 层摩天大厦曾是新加坡的最高建筑之一，它在我的眼里也是最完美的建筑。这座大厦建于 1986 年，由已故日本建筑大师丹下健三设计，他曾获得著名的普利兹克建筑奖。大厦由两个三角形结构组成，从一个角度看像一块扁平的纸板，从另一个角度看又像一把刀。

　　一天路过这里时，我有了一种冲动，想去触摸这座地标建筑的侧边墙线。我很好奇那侧边摸起来是什么感觉，因为丹下大师匠心独具，这座大厦的墙线从远处看很锋利。我走近大厦，看到一位年轻女子站在楼前的路边，试图引起路人的注意。她身上穿的不是职业装，而是蓝色牛仔裤和灰色休闲上衣，胸前挂着一个员工牌，手里拿着一块硬纸板。她显然是在推销什么，但大多数路人都尽力回避她的目光，更不用说与她交谈了。

我突然对这位女子产生了好奇，顾不上欣赏建筑了。当今的数码世界，怎么有人要在街上卖东西，也没摆个精心设计的摊位？我走到那位女子跟前，想问问她在卖什么，为什么不在网上卖，从而吸引更多人关注。这位女子名叫谢思怡，她告诉我她在为一家慈善机构募款，为负担不起医疗费用的老年人提供免费药品。

她告诉我，利用网络进行宣传，可能会让人同情他们的困境，但不太容易募集到钱。思怡补充说，慈善募捐时面对面才有效。这是个数字游戏：平均每 100 人中有 1 人会捐款，如果她想得到 10 笔捐款，她需要接触 1000 名路人。

思怡的成功率只有 1% 于是我问她，很多人像躲鲨鱼似的躲着她，她是如何保持动力的。大多数人在工作中大概每周会碰到一两次挫折，而思怡每天要碰壁数百次，她的脸上竟然依然带着真诚的微笑。她是怎么做到的？

思怡承认，她确实每天都不断地被人拒绝，这是这份工作最大的挑战。然而，一旦有人捐款，就意味着这笔钱将用来帮助有需要的老年人，这让她很开心，也让她有了使命感。思怡接着说：“当你的使命大于挑战时，你就能克服挑战。”

我被这句话惊艳了，她只是个刚刚大学毕业的年轻人。她强烈的使命感感动了我。我掏出钱包，捐了一笔钱。

我还想到，她对待工作的这种态度具有更广泛的适用性。我自己想做的事情很多，比如写博客、讲课、辅导、举办研讨会以及陪伴家人。生活中，我面临的最大挑战是同时兼顾很多事情。我的日程从周一到周日都排得满满的，几乎没有空余时间。但每当我收到关注者或学生发来的信息，说我的文章和演讲如何对他们的人生产生了积极影响，我就会感到欣慰，认为一切都是值得的。

在工作中，我们不可避免地会遇到各种各样的挑战。挑战大到招架不住时，我们就想一个更大的目标和使命，用它来激励自己。

我回头望了望丹下健三大师设计的莱佛士坊一号，那么伟大的建筑，在设计过程中，他肯定也碰到不少挑战，他的使命又是什么呢？

# 33

## 纯利润

如果你搭出租车时与司机闲聊，问他们"师傅，今天生意怎么样"，有些人会回答"还没回本呢"。他们说的"本"，是指汽油费和要交给出租车公司的租金。不管他们当天载客多少，这是他们必须支付的营运成本，每天赚来的一部分车费是用来支付这些成本的。在这之后赚的所有车费，在他们看来，都是他们当天的"纯利润"。

老师在学校上的会计课或数学课上却不是这么教我们的，而是教我们按平均数计算利润。按照课本上的计算方法，出租车司机的利润是平均每千米车费减去平均每千米成本，这样算来，司机只要一开工就产生了利润，即使早早收工也赚钱了……事实真是如此吗？

在出租车司机的世界里，平均计算法并没有实际用途。出租车公司向他们收取一整天的租金，所以如果太早收工，他们就得赔钱。司机工作的动力来源是他们赚取纯利润的信念。他们有时会饿肚子，数小时不上洗手间，一直不停地开车，直到收入能支付当日成本。之后他们从客人那里收到的钱就都是自己的了。

出租车司机的这种思维是否过于简单，无法应用于其他场合？不，事实上，这个概念在许多行业都适用。

去快餐店点餐，服务员大概率会问："您要不要再加点什么？"不要低估多问一句的效果。快餐店同其他企业一样，必须支付员工工资、仓储费用、营销费用、租金及其他成本。如果你只买一个汉堡包或一顿简餐，你付的钱大多被用来支付这些成本了。但是，如果你再买些其他商品，你多付的那些钱几乎是纯利润。而服务员加份薯条、多倒点饮料这些小行动，既不用多少成本，也不用费什么力气就可以做到。

赚取纯利润的概念甚至适用于银行业。每年第四季度一开始，我所在的公司亚太地区投行业务主管就会召集一次全体董事总经理的会议，告诉我们在接下来的 3 个月里必须特别努力工作。他说："今年上半年，我们的营业收入都用于支付员工工资、差旅费用、技术维护费和办公室租金了。最后一个季度的营业收入，将在很大程度上决定我们今年的奖金（我们的纯利润）。"

主管不希望我们以为自己肯定能拿到年终奖并就此松懈下来。他明确表示："如果我们年末不再有业务成交，就拿不到多少奖金，因为到目前为止我们的收入只够支付成本。"他说这话时，我不禁想到在办公楼前排队候客的出租车，司机们正抓紧时间努力赚取纯利润。投行业务负责人用同样的简单概念鼓励我们继续努力工作。

我不仅从财务角度看待纯利润这个概念。我会经常锻炼，有时在街上跑，有时在健身房的跑步机上跑。前 15 ~ 20 分钟是支付我的"成本"（热身），此时没有健身效果。支付成本后，我相信每跑 1 分钟都是纯利润——让我更健康。我通常给自己设定 30 分钟的目标，但达到初定目标后我会说服自己再多跑几分钟，反正我已经换上运动装备还热了身。如今，我每次跑步几乎都不会早早结束。

在工作或生活中遇到挑战时，想想你付出了多少努力才有现在的成绩，并且记住只要再加把劲儿就到了收获纯利润的阶段。例如，你花了很多时间希望与某家公司做生意，如果初次接触对方时未能成功，你千万不要就此停下，再打一个电话，说不定对方就能变成你的高质量联系人了。又如，你学习外语有了一些基础，但现在停滞不前了，此时你要督促自己多练习一会儿，好好利用之前课堂上的所学，再坚持一下或许就能突破瓶颈。

下次你看到我在街上慢跑，问我跑得怎么样，我很可能会回答你："还没回本呢！"

# 34

## 餐食重要还是服务重要

　　我在大学讲课时经常邀请同事、客户和我认识的一些资深人士来与学生交流。马傲文是掌管着 70 亿美元地产基金的 CEO，曾在我的课上介绍他招聘员工时看重的人才素质，其中有一条建议值得一提。他告诉大家，求职面试时，"坦诚比令人印象深刻更重要"。这与人们的想象很不一样，我们一般认为，面试时应当竭尽全力展现自己的各种才华，让那些面试官应接不暇。

　　我的一位学生对马总说，面试时她感到压力很大，不知道如何才能给面试官留下深刻的印象，求职竞争太激烈了。然而，这里存在一种风险：为了给招聘经理留下深刻的印象、让自己超越竞争对手、拿下那个令人垂涎的职位，我们有时会夸大自己，甚至不说实话。可这样一来，我们可能达不到雇主的期望，开始工作后就会面临严重后果。

　　如果有人问你能否完成某项任务或者是否拥有某个特定领域的专业知识，你最好诚实作答。公司可能会录用你，不同的是你已经管理好老板的预期，他知道你需要额外培训；也可能你没有被录用，但至少你不会被困于一个不适合的职位。马总的演讲结束后，我回顾了一下自己的职业生涯，反思自己有没有努力在面试官面前让自己显得特别，有没有因为坦诚而受益。有一件事立刻浮现在我的脑海里。

大学毕业后，我渴望去看看世界，体验异国风情，了解民俗文化，但我没什么钱。于是我想，周游世界的最佳方式莫过于当一名空中乘务员。有家航空公司恰巧在招聘，我便去了设在酒店的初试地点。考试中有道题，要求每人朗读一篇英语文章，看看我们的英语水平是否达标。有一个单词"expedite"我不知道正确的读音，幸运的是，我的一个朋友也在做同样的测试，他告诉了我这个单词的正确读音。我顺利地通过了第一轮面试。

然后，我们去航空公司的培训中心进入下一个面试环节。这里还有100多名候选人，我们10人一组，一起玩棋盘游戏。组里咄咄逼人和沉默寡言的人过不了关。游戏结束后，面试官从组里挑出2人，其中一个是我。我们留下，面试官对其他8人说："你们可以走了。"

随后，每组选出的人继续前往训练场馆内的游泳池。被选中的人要游50米，以此证明飞机迫降在水上时我们有浮游的能力。我游泳游得不好，但我还是通过了。一想到很快就能环游世界，我就激动不已。我们出了游泳池，换好衣服，聚在一起喝茶。主持面试的是航空公司的一位高级经理 —— 一位高大、气势威严的中年男子。我们一边喝，一边闲聊，他问我们："你们认为什么更重要，是服务还是餐食？"我毫不犹豫地举手回答："餐食更重要。"他挥挥手说："你可以走了！"

开玩笑的，他并没有马上把我赶出去，但 2 周后我收到一封未录用通知。没有回答好他的问题是我在最后关头摔倒的原因。面试官想听的答案当然是优质航空公司以服务为先，至少也是餐食和服务同等重要。如果我稍微想一下如何才能给他留下深刻的印象，我可能会说出不同的答案。然而，那时的我很年轻，"餐食"是出自真心的回答。在那之前，我主要去小贩中心吃饭。我选择去哪里吃饭时只考虑食物是否好吃，我既不重视服务质量，也没有体验过优质服务。

我的答案真实但不令人满意，却让航空公司和我都受益了。虽然我很想周游世界，很想当空中乘务员，但那时的我没有服务意识，我可能会为乘客提供小贩中心式的服务，这对公司和我来说都是有害无益的。

在面试中因为坦诚而错失一份工作，短期内你可能会感到失望，但从长远看这可能是最好的结果。如果你不能忠于自己的想法，便会在工作中给自己设置不必要的挑战。我要感谢面试官没有录用我，他知道我不适合这份工作。

# 35

## 谈谈自己的糗事

21 年前，我向普林斯顿大学申请攻读运筹学和金融工程博士学位。那时我虽然已经在金融业工作几年了，但对教学和学术研究产生了浓厚的兴趣。运筹学和金融工程利用数学方法解决金融问题，在当时是大热的新兴领域。另外，我很渴望进入著名的常春藤盟校读书并最终成为全职的学者。普林斯顿大学的课程看起来与我的雄心壮志完美契合，我做好了开始全新人生的准备。

递交申请几个月后，我收到了普林斯顿大学的回信。打开信，我搜寻"遗憾"一词，希望不会出现……但是，这个词赫然跃入眼帘。我已经开始计划辞职，搬到一个新的国家，用接下来四五年的时间拿到博士学位，但我成为学者的梦想瞬间破灭了。

亲爱的沈先生：

您向普林斯顿大学提交的入学申请，本校研究生院相应院系已收悉。遗憾的是，我们现在无法为您提供入学名额。然而，从您的申请资料中可以看出您可以成为一名优秀的研究生，我们过一些时间再做最终决定。因此，我们已将您列入候补名单（Waiting List）。

21 年过去了，我还在等待（Waiting）！

这不是我第一次谈起申请普林斯顿大学博士学位被拒后的失望，我在个人简历和视频简历中也提过（见图 6-1）。我觉得，谈谈自己的失败经历、透露一些弱点，有以下 4 个主要好处。

## 令你更值得信赖

愿意谈失败经历或自身弱点，表明你能真实地看待自己，也能真诚待人，人们会因此更信任你。与人发展关系和做生意时，信任是最重要的。

## 令你与众不同

大多数人在社交媒体上只展示生活中的美好，诸如度假时的快乐时光、升职加薪时的欢欣鼓舞之类，因此，说说自己的糗事、失败经历、弱点，能让你的帖子脱颖而出，让人耳目一新。不过，请记住要保护隐私。

## 令别人更易与你产生共鸣

人们谈论弱点或糗事时会变得可爱、有人情味。人无完人，谁都有不足，别人听了你的糗事反而会更认同你、与你共情。相比那些自吹自擂并让人心生妒忌的帖子，谈论自身弱点或糗事的帖子会让认识你的人支持你，为你介绍机会甚至指点迷津。

## 令你接受自己

谈论失败和弱点，意味着你接受了自己的不足。你要么学会与它共生，要么采取行动改正它。坦然面对自身缺点，会消除你一直追求完美的压力，也是一种解脱。最糟糕的事就是否认自己的弱点，假装自己是出色的人。不过要记住，这个弱点如果是你尚未复原的伤口，那就等一段时间再来谈论；如果是一道疤痕，伤口已经愈合，尽管很难看，但把它说出来可以帮助你更好地接受自己。分享伤疤，不分享伤口。

当面试官让你谈谈你的失败经历和弱点时，不要借机展现自己的能力和优势，此时要避免给出"我是个完美主义者"或者"我不会休息"这样的回答，机智的招聘经理会立刻识破你的意图。你应该讲一个在工作或生活中经历失败的真实例子，然后说说你如何接受失败并从中吸取教训，或者最终如何克服了它，或者正在努力克服它。无论你处于哪个阶段，一定要告诉面试官，经历失败如何锤炼了你，令你更加强大。

王川是我的一位 MBA 学生，他拿到了一家大型私募基金新加坡分部的面试机会，这家基金管理着 1000 多亿美元的资产。王川请我帮他准备面试。他到达新加坡的那天，我的日程排得满满的。王川一下飞机，就从樟宜机场乘出租车来到我的住所，放下行李直奔……理发店。我马上要做一场演讲，演讲之前我去理发。王川坐在我旁边的理发椅上，我给他做了一次模拟面试。

王川的主要弱点是口头表达能力欠佳，他自己也认同。在与客户面对面交流时，他不能像其他人那样流利地表达自己。我告诉王川，他应该坦承自己口头表达能力不足，因为面试官很快就能看出来。然后，他应该向面试官解释，自己是如何克服不足、用其他方式与客户建立和保持牢固稳定的关系的。后来在正式面试时，王川坦言自己第一次见新客户时会觉得有点困难，但他会通过出色的工作、定期联络、偶尔为他们买些小而周到的礼物与客户建立融洽的信任关系。最后，他被录取了！

早年我负责结构性产品销售期间，销售金融衍生品时，我总会提示客户产品的缺点和潜在风险。正因为我披露了产品的下行风险，客户才会更信任我。这一理念同样适用于我们的生活和工作。我们应聘某个职位时、与同事打交道时或在社交媒体上发帖时，谈谈自己的弱点与呈现优点同样重要。你可以找个机会谈谈自己的失败经历。如果想最终克服某个弱点、想让其他人更支持你，不如从分析自己的不足开始。

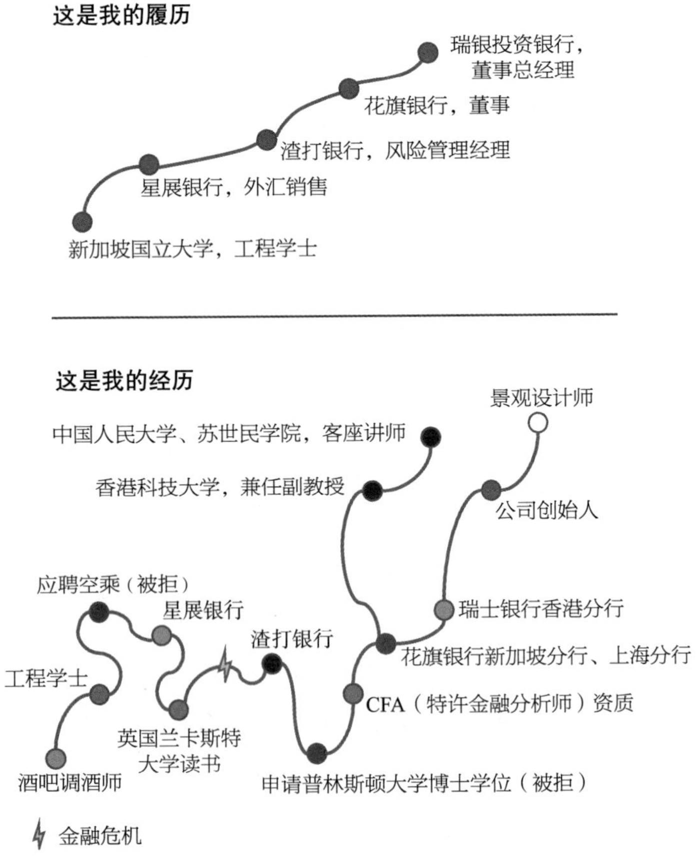

**这是我的履历**

- 瑞银投资银行，董事总经理
- 花旗银行，董事
- 渣打银行，风险管理经理
- 星展银行，外汇销售
- 新加坡国立大学，工程学士

---

**这是我的经历**

- 景观设计师
- 中国人民大学、苏世民学院，客座讲师
- 香港科技大学，兼任副教授
- 公司创始人
- 应聘空乘（被拒）
- 星展银行
- 瑞士银行香港分行
- 工程学士
- 渣打银行
- 花旗银行新加坡分行、上海分行
- 英国兰卡斯特大学读书
- CFA（特许金融分析师）资质
- 酒吧调酒师
- 申请普林斯顿大学博士学位（被拒）
- ⚡ 金融危机

**图 6-1　我的职业发展路线**

# 36

## "同用一个碗"原则

如果你工作的时候一直有人盯着你、担心你做不好，你肯定会感到不自在，甚至无法忍受。或许你的上司事必躬亲，关注鸡毛蒜皮之事；或许公司受到严密的行业监管，必须严格遵守合规政策。然而，与此相比，还有一件事更有挑战性——独自工作，无人监管。

我的父亲是个街头小贩，他在新加坡卖了 30 年的虾面。每天一大清早，他用虾壳、猪骨和用焦糖炸过的大蒜煮一大锅高汤。从小学到大学，每个周末和学校假期我都去给父亲帮忙。十几岁时，我很不愿意早上 7:30 就要到小吃摊干活，很不喜欢手上退不去的虾腥味！我的主要职责是洗碗。摊位上只有一个自来水小水槽，紧挨着灶台，我们就在这里洗厨具、洗手。至于碗碟，我们采用的是三桶水流程来清洗。

第一个水桶较深，加了洗碗精，所有顾客用过的碗和餐具都要放进去浸泡一会儿。浸泡后，我用海绵将每只碗的里外都擦一下，然后将碗浸入第二个装有清水的桶，把洗碗精洗掉。接下来是第三桶水，用于最后一次冲洗，然后擦干，碗就可以再次使用了。洗了 50～60 个碗后，第二个桶里的水会变得浑浊，我就要换一桶清水。

高三那年，也就是我服兵役前一年，父亲开始让我为顾客煮面条。有一天中午，我想给自己煮碗面吃，就走到桑拿房般热气腾腾的灶台边，煮着面条的水滚滚翻腾，不停地冒着蒸气。我从干净的碗架上拿了一只"公鸡碗"（碗上的图案是一只黑红色的公鸡），到水龙头下冲洗。父亲看到了，说："不要再洗一遍。"他严厉但小声地对我说，以免让顾客听见。我愣住了，不知道自己哪里做错了。看到我一脸茫然，父亲说："如果碗对顾客来说够干净，那么对你来说也够干净了。"

有时我们在餐馆吃饭时，服务员端上来的碗碟边上还粘着食物残渣。你是不是也碰到过这样的事？因为对自己先前洗的碗不放心，所以我又洗一次。这其实是在质疑父亲，动摇了他多年来行之有效的三桶水洗碗法。如果此时突然有顾客来到摊位前看到我这样做，他们肯定怀疑我们的碗没洗干净。

听了父亲的话，我洗碗时更用心了，之后让自己用碗时再也不用多洗一次。那一天，我学到了一个关于职业道德的重要准则：即便没人在看，也要认真做事。这并不容易，偷懒、走捷径很有诱惑力，但违反规定的人最终逃不过公司或行业监管机构的法眼。

　　这个"同用一个碗"原则，伴随我从小吃摊进入银行。我卖给客户的金融产品，必定也是我自己愿意买的。在短期内，这种执念可能会让我损失一些交易，但我知道，由此收获的客户信任，最终一定会让我受益。

# 37

## 你能通过机场测试吗

有一次，我邀请苏伟单先生来我在香港数码港的办公室。苏先生是一家银行的校园招聘负责人，他知道我给在校学生和刚入职场的年轻人做过很多培训，就来和我聊聊。苏先生告诉我，他每次都很难选人，因为前来应聘的学生个个成绩优异、技能娴熟。

于是，我问他最终选人的依据是什么。他说，面试中对一个人进行评估时，他会想：假如出差途中航班延误，你与他一起被困在机场3小时，会是什么感觉？他和你做伴，你会觉得有趣吗？谈完了工作、转换话题谈起私事时，你愿意继续和他聊天吗？这项"机场测试"听起来不怎么管用，因为许多工作不用乘飞机出差，但其实它适用的场景非常广泛。你每天有很多时间是与同事一起度过的，你与同事一起度过的时间甚至比与伴侣在一起的时间都要长，因此招聘经理都喜欢雇用风格各异的人，他们都希望与一些有意思的人共事，无论在公司内还是在公司外。

　　虽然招聘经理不会直接向你提及机场测试，但面试时他们会通过你讲的故事推断你能否过关。如果你被问到兴趣爱好，不要只是简单罗列，讲点与之相关的故事，将之描述得生动些。

　　与关于你的粗略事实相比，人们更容易记住你讲的故事，招聘经理也是如此。我建议你准备几个好故事，与各种类型的人谈话时可以随时拿出来讲。会讲故事，不仅可以在面试和与同事交往中发挥作用，在与客户建立联系和开会时也很有价值。不要因为你的背景与面试官不同，就不敢讲自己的故事。雇主越来越希望招聘想法多样、能创造价值的人，借以提高团队的生产力。

　　什么样的故事才是好故事？一则好故事的 3 个基本要素是背景（地点和时间）、冲突（问题或挑战）和结局（解决方案或圆满结果）。一旦有了这些元素，故事就完整了，就可以在不同场景下被讲述、满足不同目的。举例如下。

## 首次登台

　　在我的高中成绩报告单上，老师的评语是"柔声细语、胆小"，建议我"学会与同学打成一片"。几年后，在大学读工程学时，我决心解决这个问题，克服在一大群人面前讲话时怯场的心理障碍。我找到大学舞蹈团的编舞彼得，问他："我能不能参加下一场舞蹈演出？"得知我没有舞蹈经验，他犹豫了一下。

"你会跳舞吗，文才？"

"不太会，但我可以站在舞者后面。"

"你愿意举伞吗？"

"让我举什么都行，彼得。"

"那好，你来吧。"

我在那场舞蹈演出中扮演了一个很小的角色，这小小的进步让我信心大增，这个信心最终引领我成长为大学讲师和演讲家，尽管这已经是许多年后的事了。

在这个故事中，背景是我从高中到大学的校园生活；冲突是我胆小的个性，害怕在观众面前讲话；结局是我参加了舞蹈演出。这个故事的妙处在于，我可以用它来说明多种观点，很多故事都是如此。我有时会以此展示我是如何克服弱点的；同样，我也可以用这个故事强调耐心和毅力的重要，因为我花了很多年才克服怯场的毛病。我也可以把它当成一则趣事，说明为了掌握一门新技能，我像婴儿学步一样一点一点进步；还有，如果面试官让我讲讲走出舒适区的经历，这也是个非常合适的例子。

## 从多个出发点讲述一个故事

现在我们停一下，做一个简短的练习。首先，想一件几分钟内可以轻松讲完的生活中的故事，包含背景、冲突和结局；其次，进行头脑风暴，从故事中挑出立即浮现在你脑海中的一些关键词和短语，如"耐心""领导力"和"克服挑战"；最后，将所有或部分关键字扩展成这则故事的潜在应用场景，把所有场景列出来。例如，我可以用舞蹈演出的故事来展示我所钦佩的领导才能，强调彼得没有拒绝我的请求、给了我机会。你每讲一次故事，就要在脑海中找一个清晰的理由。完成这个练习，你将很快找到多个理由，利用同一则故事回答不同的问题。

会讲故事，能让别人觉得你是个有趣的人，这也是强化内心、增强韧性的好方法。面对下一个重大挑战，想想你过去是如何克服障碍的。另外，把这些成功故事讲给家人和朋友听，重复地讲同样的故事，可以增强自信，让你面临的困难看起来不那么令人畏惧。

**自信的建立，来自一次次的小成功！**

第 7 章

# 放手一搏：为什么值得去冒险

# 38
## 碰碰运气

高原是我 20 年前读金融数学硕士时的同学。他精通这门学科，后来还读了博士；我却对此不太感兴趣，课程开始几个月后，我经常出差，有时无法上课，又觉得学会证明布莱克－斯克尔斯期权定价模型（Black-Scholes Option-pricing Model）对我的日常工作并没有多大帮助。与随机微积分相比，我更喜欢金融学应用实践的内容。于是，我放弃了攻读金融数学硕士学位（在这之前，我已经在英国读了金融硕士）。

高原最近和我说起，那年他博士毕业时，我给他安排到我工作的美国银行的一次面试。他最终没有接受我们公司的工作，很多公司竞相邀请他，最后他在一家国际银行开始了风险管理的职业生涯，并且事业发展得很成功。不管怎样，高原很感谢我当时给他提供的帮助，我们一直保持着联系。

有一天，高原问我是否可以为他的实习生宋超燃提供一些职业规划建议。小宋已经在高原所在银行的新加坡分行工作了一年，从事量化模型验证。小宋的研究生实习是一个中台岗位，实习期即将结束。他希望能在风险管理部或前台交易室找到一个稳定职位，但高原没有员工名额，无法再招新人。小宋越来越焦虑，因为无论他多么努力，都无法在新加坡任何一家银行找到合适的工作。

当时我在中国香港工作，所以通过视频和小宋进行了一次通话。从这次通话中我能看出他是一个聪明、勤奋的年轻人，工作态度认真。他的学术背景非常杰出，拥有法国一所著名学府的金融数学学位。但是，和许多应届毕业生一样，他不知道要如何开启自己的金融职业生涯。

"你愿意来香港工作吗？"我问小宋。

"我愿意。"他回答。

"我这里没有适合你的职位，但是我建议你飞来香港见一些人。你来的话，我可以介绍一些业内人士给你认识。"

小宋沉默了一会儿。我看得出来，他在想有没有必要飞1600英里[1]，只是去碰碰运气，盼着遇到一个能给他工作的人。我向他解释："在香港，不是所有职位都会发布招聘广告，如果你亲自

---

1　约合 2574.95 千米。——编者注

来这里和一些主管见见面，肯定会有好处。即使你不能马上找到工作，也可以来看看香港的金融业是什么样的，认识一些将来能帮助你的人。"

我们没有做具体计划就结束了通话，但那天晚上，小宋告诉我他预订了飞往香港的航班。"认识人"这三个字一直在他的脑海里萦绕。安排好行程，他联系了在新加坡做交易的同事，说自己要去香港，希望去香港分行看看有没有机会。他的同事立即给了他几个联系人，小宋给他们发了电子邮件，表示非常希望能与他们见个面。

在小宋动身前往香港前，香港交易室就有三个人同意见他，尽管他们并没有正式的职位空缺。小宋周三抵达香港，接下来的两天一直在与人见面。周五晚上，他来参加我组织的一场社交活动，告诉我他不虚此行，见了很多非常能干的人。周末他飞回新加坡，周一便得到了一份梦寐以求的工作——在一家国际大投行从事股票交易。

对一个年轻实习生来说，小宋这趟差旅的费用是一笔不小的开销，他做这个决定完全是想碰碰运气。这个小行动产生了滚雪球效应：与朋友联系，认识业内人士，最终找到工作。如果小宋的想法保守，结果可能会不一样。还有，如果他打算先安排好见面再预订机票，经理们可能会因为不想在还没有发布招聘广告时，就让一个实习生花这么贵的差旅费，而拒绝他的见面请求。但是小宋只是以私人理由来港，这已经给经理们减压了。他只是简单地请他们花 30 分钟的时间一起喝杯咖啡，没有任何其他请求。

让小宋得到这份工作的不是我让他来"认识人"的建议，而是他的决心。没安排好任何会面他就确定了香港的行程，这是他成功的原因。小宋告诉我："我很高兴自己大胆地迈出了这一步！"

你可能认为小宋很幸运，能从我这个资深专业人士这里得到建议。事实上，我给过很多人类似的建议和机会，他只是其中一个。但并非所有人都认识到了这些机会的价值，成功地抓住这些机会的人更是凤毛麟角。读这本书说明你已经在采取行动提升自己了。读完这一节，你可以写一篇社交媒体文章，介绍你在工作或学习中收获的经验与教训，然后加上标签 # 66 个小行动、# 66 smallactions。说不定你会有所收获。不过，我不能保证你一定成功，就像小宋买机票时心里没底一样。你想碰碰运气吗?

# 39

## 为何要冒险

不仅创业者创业时要冒风险，员工在职业发展中也要冒一些
风险。

### 我的首次职场冒险

我在银行工作 2 年后，决定多学习一些金融知识，还想体验
一下海外生活。在那之前我从未去过西方国家，哪怕是短暂的假
期旅游也没有。我前往驻新加坡的英国文化协会，了解英国的生
活和学习情况，发现有些奖学金可以资助我去英国上硕士课程。
拿奖学金出国留学这个想法很让我兴奋。

我没有申请伦敦的大学，因为我知道即使有奖学金我也负
担不起那里的生活费用。我发现位于英格兰北部农村地区的兰
卡斯特大学提供的金融硕士课程价格相对低廉，排名也不错，
住在那里，生活费用也比在大城市低得多。我申请并获得了这

个大学的入学名额，但是我没有拿到奖学金。所以，我决定放弃攻读硕士学位。

然而一周后，我开始重新考虑这个决定。我又算了算自己两年来辛苦工作攒下的积蓄，看看如果没有奖学金我能不能负担学费和生活费。我发现，如果毕业后不去周游欧洲，我大概可以应付 10 个月（学位课程为期 1 年）。没有人支持我去英国读硕士，包括我的家人。在他们看来，我才工作两年就放弃一份好工作太不理智了，除了要花光所有积蓄，我还少赚一年的薪水。另外，我的大多数同龄人都工作稳定，生活舒适，因为新加坡的经济发展得很好。

但是，顶着放弃工作和少赚钱的风险，我还是去了兰卡斯特大学。我想万一最后几个月没钱花了，我还可以刷信用卡。这些花费是对自己的投资，将来能帮助我找到结构性金融衍生品的理想工作。我是个从没出过亚洲的城市男孩，对我而言，去国外农村生活将是一个环境变化的巨大挑战。我一生中从未见过绵羊，而兰卡斯特现代风格的校园周围有很多农场，里面有数不清的绵羊！

去兰卡斯特的"冒险"按照最初预期带给我回报了吗？它并没有马上回报我，但从长远看，硕士学位大大推动了我的职业发展。在银行中台工作 4 年后，我终于得到了梦寐以求的销售金融衍生品工作，在兰卡斯特学到的知识和技能此时有了用武之地。在兰卡斯特大学读书时，我发现我自己还对教学感兴趣。我的一位授课教授何博士同时还在英国一家银行的投行部门工作。虽然我发现他为人有点自大，但他兼职授课一事一直影响着我，让我知道在银行工作与在大学讲课可以兼顾，并不冲突。

离开新加坡到国外生活，也开阔了我的眼界，让我不再那么天真。看到不同的文化后，我开始用国际化视角看待人生。我第一次来英国时，对欧洲裔在做建筑工人感到震惊，因为那时候新加坡的欧洲裔都是白领。我的硕士生同学非常多元化，我可以与来自世界各地、有不同背景的人一起学习、聚会、交流想法。

有些人认为搬去新地方是一次很大的冒险——确实可能。但对我来说，落于人后的风险更大。如果我继续留在新加坡从事一成不变的工作，我的职业生涯可能会因为能力有限而停滞不前，我也不会有这么多的海外经历。去英国读书、生活没有立刻给我带来好处，但它彻底改变了我的人生。

## 调职去上海

2005 年，我在一家美国银行工作。随着中国金融业的开放，中国的银行业开始蓬勃发展。我想参与其中，便请求从新加坡调到上海工作。我们银行上海分行刚搬进一栋光鲜亮丽的新写字

楼，在那里我还有机会为初级员工提供培训。从很多方面来说，
这都是一个好时机，但其中也有风险。第一，我在新加坡的工作
做得很好，有很好的本地客户网络；搬到上海后我就需要在新的
市场从头开始建立客户关系，同时还要适应当地的商业规则，我
无法肯定自己能服务好中国客户。第二，中国市场巨大，我对自
己管理中国团队有点不大自信。但我还是决定去上海。

我费了些时间适应上海湿冷的冬天以及不同于新加坡左侧
行驶的交通规则，但最终安顿了下来。那是我职业生涯中一段很
难忘的经历。无论来上海出差多少次，也不能与长期在那里工作
和生活相提并论，尤其正值上海发展成为金融中心的关键时期。
2005年7月21日下午6点左右，我收到一位同事的短信，告知
人民币放弃与美元的固定汇率了。"他在开玩笑吧！"我心想。
1994年以来，人民币一直盯住美元，汇率稳定在8.28。官方新闻
证实了这一消息，报道了中国推出新的货币政策。那是我在中国
期间亲历的重大事件。

我搬去上海当然有点冒险，但我非常享受在上海的时光，并
且从中获得了长足的回报。我与许多中国同事和客户都成了朋
友，并一直保持联系。我在上海学到的知识、建立的人际关系让
我几年后在香港找到了一份更好的工作。在此期间，我还大大提
高了我的普通话水平，因此我后来才有机会利用业余时间去中国

顶尖的大学讲课。如果我留在新加坡，我的职业生涯将再次面临停滞不前的危险。

## 冒点小风险的好处

我在香港投资银行工作时，我去外地出差必须安排 3 个会议，上司才会批准我的出差申请。但是，如果有充分的理由去见一位重要客户，我会直接预订，因为客户的日程安排很满，稍有延迟就可能错过会见机会，甚至错失一笔生意。客户是不会坐等银行业务员上门的。我会告诉上司我的出差计划，并说如果我安排不了另两个会议，我愿意自己承担差旅费用。我甘冒无法报销费用这个小风险，因为我知道，能与重要客户见面对我来说有多么重要。抱着这样的心态你终会有收获，我准备好自费去见重要客户，最终往往也能说服上司批准我的报销申请。

即使你的工作没到出差的必要，你仍然可以冒一些小风险。你可以请求和另一个部门一起做个项目，或者开始自己做些决定而不必总是征求上司的意见。即使你冒险出了错，也能促进自己专业能力的提升。

如果你要做个有点风险的决定，那么在那之前你必须确保即使主要目标失败了，也能从中得到一些收获。例如，即使我在上海工作时没能服务好中国客户，有机会了解中国的商业规则也是很宝贵的收获。另外，一旦决定冒风险，就要做长期打算，比如，我给自己定下的从事金融衍生品设计的职业目标就比预期晚了 4 年才实现。

所有投资都会有风险，包括对自己的投资，无论你是雇员还是创业者。但是，如果不在事业上投资，就会被甩在后面，你的技能终将过时，尤其是在当今技术飞速进步的时代。维持现状的风险往往大于做出改变的风险。

# 40
## 把不幸变有幸

　　这是一次私人旅行，我事先计划得很妥当，打算充分利用每一天，与伦敦的同事和朋友见见面，再结识一些新朋友。一切进展得很顺利，我在伦敦正乐得其所，我突然收到公司发来的一则短信，让我取消休假马上回香港，工作上出现了一些意外需要紧急处理。我当然很扫兴，但最后一刻出现变化是我的工作常态，我已经习惯了。于是我取消了剩下的行程，改签了返程航班，前往伦敦希思罗机场。

　　路上，我开始思考如何将假期突然缩短这个不幸变成有幸。登机后还未就座我便想好了：我要与邻座的旅客适当聊会儿天。在飞机上与陌生人攀谈不是我的习惯。我向邻座的女士做了自我介绍，我们闲聊起来。我提到自己对摄影非常感兴趣，她告诉我，她工作的公司有相机生产许可，其品牌是一家曾以生产相机胶片闻名的公司。她此行是去取一款可在水下使用的360°全景相机的首个样品。她很热情地向我介绍了这款开创性的相机。

在我们抵达香港后的第三天，我请她去我最喜欢的日料餐厅吃饭。她送了一台她在飞机上介绍的新款相机请我测试。我是她公司以外第一个使用它的人！我在接下来的几天用这台360°相机拍摄了一段有趣的视频，拍我的孩子们在游泳池戏水，沿着滑梯滑下扑腾到游泳池里。虽然我被迫提前回香港，但事情最终也没那么糟，回来之后我用收到的最新相机拍了水下视频。这便是我在航班上鼓起勇气与人聊天这个小行动带来的好运。

## 多待一天看牙

我还有一次改航班引起的把不幸变有幸的经历。一个周五的下午，我从上海飞回新加坡，计划周六与家人和朋友聚会，周日返回上海。然而在周六晚上，我的牙套坏了，而我在新加坡的牙医周一才上班。我决定在新加坡多待一天等着看牙，因为我不想带着牙齿问题坐那么长时间的飞机回上海。

这也是个不太好的状况：我本想回上海工作，而不是在新加坡看牙。于是我开始想办法，把不幸变有幸，想想原本在新加坡没有任何安排的周日要如何度过。我没有懒散地过这一天，而是打电话给一位房产经纪人，请她带我去看一处房产。有个房地产开发商规划在索美塞地铁站和新加坡著名的购物街乌节路的南边建造一栋新的公寓楼。我热衷于地产投资，便想去这个地方看看。

那个新公寓的地理位置非常好，我觉得在这栋楼里买一套两居室公寓应该是一笔不错的投资。回到上海时，经纪人给我传真过来（这是 15 年前的事了）一份公寓平面图。我觉得挺好，便买了一套。我现在仍然拥有这套公寓，自那以后房价大涨。我真庆幸那个周末我不得已改了航班！

## 充分利用工作变动的机会

那一年，我成了一家国际大型投资银行的董事总经理，这是像我这样出身的人难以想象的事情。但这个岗位在中国香港，我无法劝说新上司让我留在新加坡工作，而我刚离开香港还不到 2 年就要再搬回来。无可奈何，我只能卖掉汽车，携家带口回到香港。我很享受在新加坡的生活，离开这里让人不舍，因此我对新工作略有不满，但我决心充分利用此番工作地点变动带来的机会。

在香港，我是个外国人，我告诉自己要尽可能多地参加活动，要在 1 年内在这个城市建立我的社交圈。我的一个朋友露西亚邀请我去参加意大利商会组织的一个社交晚会。我不认识参加活动的任何人，这总让我觉得不太自在。我比较内向，过去参加这类活动，我和陌生人聊一会儿天便会直接回家休息，但是，那天晚上我过得很愉快。从此以后，我参加了所有我过去经常拒绝的社交活动。

我的一位新加坡客户当时也被调到香港工作，有一次他建议我们一起去参加香港的新加坡协会举办的活动。这样的聚会我通常不会参加，因为我已经在香港认识很多新加坡人了，但我已经决定要尽可能多地参加社交活动，于是便欣然前往。我在那次活动中认识了一些人，后来我又参加了几次协会的活动。在一次活动中，我说起我钟爱新加坡街头美食，协会主席建议我给大家做一次演讲，谈谈从新加坡小贩身上可以得到什么商业启示。我答应了，甚至还带来自己的菜刀和砧板，当场展示小贩怎么切菜。观众听我演讲、看我示范，乐得哈哈大笑。在那之前，我只做金融方面的演讲，所以那次演讲标志着我开始了演讲家这个更广阔的职业生涯。

我最初不愿意回香港，希望留在新加坡。但是，借助一点点冒险精神，充分利用每一个机会建立社交圈，我把无奈搬家这个不幸变成了有幸。在新加坡协会的演讲为我开辟了一条全新的职业道路，带来了更多的演讲邀请，甚至还有 TEDx 演讲。

人生充满未知与不确定性。计划有变时，我们常常盼望事情最终有个好结果。但是，与其祈祷好事发生，不如采取行动促使它发生。出现意料之外的糟糕局面时，扭转乾坤需要尽一些力，但这些努力是值得的。下一次当生活或工作向你抛来一些挑战时，想想看，怎样才能把不幸变有幸。

# 41

## 用尴尬换取机会

我曾在亚洲几所大学讲授销售技巧。掌握销售技巧，对职场成功至关重要。在管理咨询、法律和投行等行业，随着职位升高，销售能力也越来越重要。负责争取数百万美元订单的人是合伙人和董事总经理，而不是他们的下属。

在销售课上，我喜欢安排一个角色扮演游戏以活跃课堂气氛。我请学生主动上台推销降噪耳机。我总要连哄带骗才有人愿意上台表演。大多数学生都会担心自己推销失败，不想让自己尴尬。但是受益最多的是志愿上台的学生。即使表现不好，体验不佳，他们仍然可以从所犯错误中吸取教训，对所学内容记得更牢。

我很理解大多数学生坐在教室后面不提问也不积极主动参加角色扮演游戏的做法。我在大学时也是这样的。但我现在明白，如果能够克服畏难情绪，就可以创造与人交流的机会。

## 从陌生人到人生导师

每个班上都会有几个学生比其他人积极主动一些。我曾在清华大学苏世民书院讲授谈判技巧。这个学院每年都有来自世界各地的获全额奖学金的研究生，杰克是苏世民书院的一个美国学生，我上完课后他走过来，问我在北京逗留期间，他可不可以和一位同学来与我聊一聊，他还想问我一些问题。我的日程排得很满，但我同意同和一个客户吃完晚餐后在我的酒店与他们见个面。我们在酒店大堂里聊天，杰克向我请教社交媒体上的思维领导力问题，他对这个话题很感兴趣。于是，我同意几个月后来苏世民书院讲讲这个话题。杰克和我一直保持联系，他在中国学习期间我成了他的导师。

请求与比自己职位高、资历深的人见面需要勇气，尤其在你不认识对方的情况下，你很容易遭到拒绝，因此会感到尴尬。但是如果你遇到一位有启发性的人，你应该积极地争取机会，因为与他见上一面，说不定就足以改变你的想法，有时甚至可以改变你的人生。

## 斗胆联系 CEO

中国一家社交媒体公司曾来找我，请我帮忙邀请一位银行业

CEO 参加"总裁问总裁"活动——几家大公司的领导者通过视频连线探讨宏观商业问题。我很想帮他们牵线搭桥，但又有点犹豫，因为我和银行的 CEO 不太熟识，突然联系他们彼此都会很尴尬，我担心会被这些位高权重的人拒绝或忽视。但是，回想这些年来勇敢而心无所惧地来找我的学生时，我很受鼓舞。他们教会我寻求帮助时不要感到尴尬，被拒绝也没那么糟糕。

我鼓起勇气，直接给一家美国银行的中国 CEO 发了一封邮件。我知道我提请求时语气必须恰当，这很重要。强硬的推销对 CEO 不管用，所以我首先提到他们银行的全资收购业务的计划，表明我对他们银行很了解。我还建议他在视频中谈谈股票资本市场，我知道这是他的专长。最重要的是，我并没有直接请求他来参加活动，只是询问我是否可以将活动的具体信息发给他。我尽量准备好一切，方便他说"好"，但也没抱太大的希望。

没想到，这家银行的公关团队第二天就来联系我索要活动介绍。之后，这位 CEO 参加了视频拍摄。这个活动非常成功。对我而言，帮社交媒体公司联系 CEO 采访的心愿，最终战胜了我求助时最初的尴尬。

## 做大会上首个提问的人

去参加会议时，我会尽量坐在前排，在会议提问环节最先举手提问。许多人都太害羞，不敢在很多人面前举手示意发言。但是，如果等别人打破僵局，一大堆问题往往会蜂拥而至，此时你就会错失良机。所以你要争取问第一个问题，并且问一个有想法的问题。在数百人面前站起来说话，你会感到紧张、尴尬，那为什么一定要这么做呢？因为你不仅可以听到演讲者的答案，而且还能在随后的交流会上更容易地进行交谈。想认识你以与会者大可不必找话题闲聊，可以直接问你："你刚才提的问题非常好，你觉得演讲嘉宾的回答怎么样？"

害怕失败是我们感到尴尬而不敢行动的主要原因。也许我们担心自己在大会上的提问不太切题，或者资深人士不想见我们，或者我们的角色扮演不成功。但是，如果等到确信自己一定会成功时才采取行动，那么你人生中的选择就会大受限制。硬着头皮，用尴尬换争取机会。

# 42

## 从香港转向纽约

　　我刚和客户在香港一家酒店的铁板烧餐厅吃完午饭，走出餐厅，我的裁缝查兰举着我定做的新西服在等我。从新加坡出差到香港的前两周，我给他发了个短信，请他给我做一套深蓝色西服，用和以前一样的面料和颜色。我是查兰的老主顾，所以他有我的尺寸。

　　我在香港的行程很紧张，只有 15 分钟的时间试穿西服，服务周到的查兰便把西服送到酒店来。我们走进酒店的洗手间，这里有一面全身镜。我换上西服，查兰又比对了一下，发现要对上装的后背部分和裤子的腰围做些小调整。与上次做衣服时相比，我一定是胖了。

　　查兰返回他在九龙的裁缝店，我去中环开下一个会。那天晚上我回到酒店房间时，看到西服已经送到了，酒店服务人员已经把它挂进了衣柜。我再次检查这套衣服，竟然发现查兰不仅在上装的内袋里绣了我的名字，还在衣架上刻了名字。他们服务也太周到了！这套衣服做得非常合身，裤子右边的口袋里甚至还有一个隐藏的小口袋，专门用来装手机，防止手机四处移动或掉落。我对查兰的效率、工艺和服务实在太满意了。

但是，为客户提供额外的服务并不能成为查兰的独特竞争力，不足以让他的生意获得成功，至少在香港是这样的。香港制衣业的竞争异常激烈，因此定制西服的价格相对比伦敦和纽约低得多。查兰才二十多岁，很难与经验丰富的老裁缝竞争。他是个印度人，不太会说中文，服务香港客户更加困难，所以只好把目光投向居住在香港的外国顾客。

过了一段时间，查兰清楚地意识到，他的手艺虽然精湛，却没有得到市场的认可，他没有赚到钱，经营难以为继。他不得不改变策略。查兰开始前往英国和美国的一些主要城市接受订单。他在伦敦、纽约、芝加哥和波士顿等地预订酒店会议室，提前宣传自己的服务，预约顾客的时间，请他们来量尺寸。他的西服仍然在中国香港缝制，仍然按接近香港的价格收费，而同等质量的衣服在英国和美国通常需要 3 倍的花费。他的生意终于开始兴隆，他每个月都要两次飞往美国各地接订单。当初查兰的裁缝生意在香港做得不好时，他没有放弃；相反，他依然留在这个他热爱的行业，但将目光转向一个认可他手艺的新市场。如今他有两大独特竞争力：定价对英美客户很有吸引力；愿意经常出差，这一点不是大多数香港老裁缝能做得到的。查兰的故事告诉我们，竞争太激烈时，我们必须做好改变职业计划的准备。

我刚刚开始演讲生涯时，试图在公开市场上竞争演讲机会。我很快就受到了打击，灰心丧气，觉得自己的演讲没有价值。演讲者来自各种行业，我只是其中之一，大家都在竞争有关领导力、创新和销售技巧等话题的演讲机会。有些人比我优雅娴熟得多，有些人擅用怪诞的舞台表演吸引观众。我才不愿意把头发染成黄色或穿鲜艳的衣服，以此吸引听众的注意！因此，竞争激烈，而我的收费被压低。

但我并没有放弃自己的演讲抱负。相反，我改变了策略，专注于相对小众的金融业活动市场，因为我有金融从业背景。如果我与金融界资深演讲者竞争，他们中没有多少人比我了解社交媒体，有了这方面的优势，我更能吸引大批观众。调整目标客户群的小行动，给我的演讲事业带来了丰硕的回报，我现在不再需要用便宜的价格获得演讲项目了。

如果你觉得自己的工作被低估或不被认可，找找看哪些地方更需要你的才能和经验，试着改变一下职业方向。对查兰和我来说，是服务对象的改变；对你来说，可能是改变工作团队甚至工作地点。

为了挽救生意，查兰本可以少做些私人定制服装、少提供一对一服务，但这些是他树立品牌的关键举措。然而，转而开发英国和美国各地的市场，他便能继续生产高品质的西服。我很高兴成为查兰在中国香港市场亲自服务的少数顾客之一，他也可以放心，我不会向他订购廉价的粉红西服！

第 8 章

# 改变自己，
# 开发新兴趣，学习新技能

# 43

**释放人力资本的力量**

要想成功，你需要三种资本：金融资本、社会资本和人力资本（见图 8-1）。金融资本是你可以支配的资金，它可以用来推动你的职业发展，比如参加培训课程、添置视频设备用于线上演讲或者组织社交活动等。

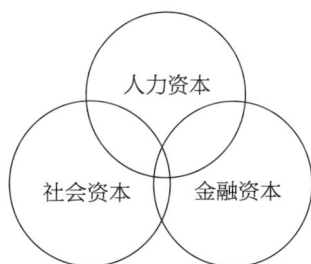

**图 8-1　三种资本**

社会资本的话题我在第三章详细讨论过。如果没有社会资本，就没有人来参加你组织的社交活动。但要积累金融资本和社会资本，首先必须积累人力资本。人力资本是指你的硬技能、知识和经验。我来详细解释一下。

## 成为数学优等生

我高中时学习成绩特别差，15岁时很多科目的成绩都很糟糕，社交能力也很弱，不自信，也不擅长运动。简而言之，我没有什么过人之处，没有人力资本。大考在即，我决定放下其他科目，重点学数学。我在数学上付出的努力超出一般人的想象。我死记硬背记住了2和3的平方根，因为这两个数在考试中经常出现。记住它们后，我的解题速度就快了。我把过往试卷反复做了无数遍，到后来，有些题我一看题目就已经知道了答案。经过大约一年紧张的学习，我以优异的成绩通过了数学考试！

数学成绩的大幅提升给我带来一些人力资本。虽然英语、历史和文学等科目的成绩仍然很差，但是我坚持不懈、集中精力只攻一个科目，这竟然对我的生活产生了巨大的影响：突然间，同学们开始找我讨教数学题了。

"嘿，文才，你能帮我一下吗？去年这张试卷第13题，我解不出来。"

"哦，这道题啊，书后的答案是错的。这道题应该这么解。"

我的数学能力为我积累了人力资本，我因而从同龄人身上获得了社会资本：他们"想要"与我打交道了。他们开始邀请我参加聚会，我慢慢地有了自信。获得社会资本的最佳途径之一，是在自己需要帮助之前先帮助他人。当然，你的帮助必须是有价值的。虽然以前的我很有礼貌，也很愿意帮助别人，但这没什么用，正是我的数学专长让我成了对他人有用的人。这表明，没有人力资本就无法创造社会资本。

数学成绩一鸣惊人后，有家长开始找我去辅导比我低一两届的孩子，还向我支付补习费。因为数学特长，我积累了一些金融资本，虽然不多，但足够支付我在高中和大学的伙食费。

## 信誉转移

我在担任金融学兼职副教授开始授课的第一年，对待学生就像对待投行的初级分析师和实习生一样。我随意地在学生中点名问一些难题，语气也常常很不客气。如果有学生上课迟到超过5分钟，我会当着全班同学的面斥责他，告诉他见客户时守时很重要。

一学年的课程结束了，学生们给我的反馈不太好。他们认为我是个典型的金融从业人员，太严厉。我的初衷是让他们体验职场生活的艰难，但我的做法适得其反。负责金融课程的教授与我一起讨论学生们的批评意见，他对我说，业界人士来大学讲课，大多都需要时间来调整教学风格。他说，因为我很优秀，金融事业很成功，所以他对我有信心，下一学年我一定能上好课。

我在银行业积累了大量的人力资本，因此我将此前建立的个人信誉转移到了教学上。教授给了我第二次机会，让我证明自己是合格的讲师。我没有辜负他的期望。我现在是一个更好的、更有同理心的老师，我在课堂上营造了合适的学习氛围，不再模拟职场氛围。我在授课方面拥有了人力资本，随之而来的是金融资本（虽然不是很多）和社会资本（认识我的企业主管想招聘实习生或初级员工时会来找我推荐）。

我在前文中讨论了掌握多种才能、成为我所说的"组合型人才"的好处。但是，在简历中添加新技能前，你必须先有一项非常突出的能力。当你在某个领域有了知名度和个人信誉时（无论数学、银行工作还是其他截然不同的领域），你再想进入另一个领域，人们也会对你另眼相看。

有些人希望同时提升职业或生活中的多项技能，但如果没有一种"超级"能力，各方面都平平无奇，那么他们通常无法创造人力资本。最好的做法是选定一项技能，将时间和精力集中在上面，成为这个领域值得信赖的专家，让其他人在有这方面的需求时寻求你的帮助，这样，你才能为建立人力资本打好坚实基础，然后发展新技能，积累社会资本和金融资本。

# 44

## "追随你的热情"可能不妥

如果有人对你说"追随你的热情"（follow your passion），这可能是个糟糕的建议，因为它预设了你心中有明确的热情。事实上，大多数人心中并没有这样的热情，因此会觉得自己有问题。此外，这一建议还预设了你毫不费力就能发现你的热情。但是，自己的热情往往是你发现不了的，你不可能偶然间一抬头就刚好看到它。你很有可能经过无数的尝试才找到自己真正的热情，甚至即使经过无数尝试依然无法真正找到它们。

不过，好的一面是，尽管你做过的很多事情都可能不会成为心中最爱，但它们很可能发展成你的兴趣爱好。你的目标应该是拥有广泛的兴趣爱好，而不必担心其中是否有你的心中最爱。

挖掘新的兴趣爱好也需要耐心。我并不是某天早晨醒来就奇迹般地发现自己喜欢写作，事实上，过去我一直讨厌写作。工程师背景的我更喜欢与数字打交道，而不是文字。我在社交媒体上写了几个月博客，粉丝的反馈不错，才开始喜欢写作。

## 为什么要兴趣广泛

培养兴趣爱好，不是为了追求经济利益，也不全然与职业发展相关。我坚信，拓宽知识面能让我们的生活更丰富多彩、更幸福。每培养一个兴趣爱好，我们就多了一个用来结识交际圈外的新朋友的话题。我的兴趣爱好让我与不同的谈话对象找到共同话题，无论艺术家还是企业老板。

早上，我和小摊主聊聊当地传统小吃；中午，我在大学食堂一边吃简单便宜的奶酪烤面包，一边与学者同人讨论未来的教育，以及课程该如何设置才能为学生进入职场做好铺垫；晚上，我的建筑师朋友带我去参观城市里的特色建筑。

近期的科学文献表明，学习新技能可能对"神经可塑性"产生影响。"神经可塑性"是指大脑的神经网络通过生长和重组发生改变的能力。学习能在多大程度上帮助大脑"重新布线"，这是科学家们的研究课题。但从我的个人经历看，学习新技能肯定可以避免我们的生活停滞不前。我遇到过许多人，他们中既有富有的成功人士，也有普通的工薪族。有些人已经丧失了寻找新乐趣的意愿，只集中精力积累物质财富，我觉得这会让生活更贫瘠、更单调。

## 如何找到新爱好

我特别热衷于参加各种课程培训。在过去的几十年里，我报名学习了几十门课程，从计算机编程、视频编辑到室内设计。我最近还获得了积极心理学的研究生文凭。虽然我最初的动机只是收集培训证书，但我仍然发现学习各种课程是培养新兴趣、新爱好的有效途径。现在参加甚至不用去教室上课或专门申请学校了，网络上有许多不错的教学视频，只要想学习就可以立刻行动起来，发掘新兴趣。参与免费的网络研讨会也不错。

## 为什么有没有热情并不那么重要

我有很多兴趣爱好，但我没有对其中任何一个有强烈的热情，甚至对花了半生时间从事的金融工作，我也并没有特别热爱。我对银行的工作感兴趣，是因为我喜欢帮客户解决问题，喜欢培训年轻员工；但我不喜欢应付职场人际关系。银行的工作有太多不足，不可能让我一直保持热情。虽然我对讲课很感兴趣，但我也没有足够的热情全职讲课，我对批改作业和其他行政工作兴致不高。同样，我也不想专职写博客，那样写作对我而言便成了压力，而不再是乐趣。

我听到人们说："做你热爱之事，你就不会觉得自己是在工作了。"我不同意这个说法！要找到一份你热爱的、工资高的工作不容易。任何工作都会有不那么令人愉快的一面，你的热情很快就会减弱，即使你的工作是你热爱之事。对大多数人而言，最好不要过于在意寻找心头好，这很可能是徒劳的。相对而言，投入精力培养兴趣爱好才是每个人都能做到的事情。

如果你能将日常所爱融入工作，并能借此赚钱，那自然很好。其实兴趣爱好，无论能否给你带来金钱收益，对你来说都非常有价值，它们可以让你更投入，帮助你扩大交际圈，让你的生活更愉快。所以，忘掉"追随你的热情"这样的话，每年学点新东西更实际！

# 45

## 因为各不相同，我们成为一体

在职业生涯中，我遇到过许多家庭背景优越的学生和毕业生。他们既聪明又有社会关系，他们的父母会千方百计地为他们提供机会。他们早在上大学前甚至在很小的时候就开始学习艺术鉴赏、礼仪礼节、谈话风度和表达技巧等。然而，出身平凡的我认为，即使没有良好的背景，只要愿意付出额外的努力，依然可以获得光鲜的工作并取得成功。

### 你有你的独特优势

有一次，我在读新加坡外交部前部长杨荣文先生的文集《榕树下的沉思：杨荣文言论集》时，看到一个故事。

肖特在为演讲者起草演讲稿时，加了一句话："尽管我们各不相同，我们是一体的。"演讲者温和地批评了他，将"尽管"改为"因为"。

"因为我们各不相同，所以我们是一体的。"这句话是不是很有道理也很深奥？想象一下，如果交响乐团里的每个人都演奏同一种乐器，那么奏出来的音乐该多难听！这句话同样适用于工作环境。背景不同的毕业生各有差别，我们不能视而不见，但是别担心，公司需要的是能带来不同观点的员工。

背景普通的毕业生也有自己的独特优势，与团队其他成员形成互补就是他们对组织的贡献。雇主希望员工多元化，他们可能会招聘不同性别、年龄的员工等，除此之外，不同的社会经济背景也同样重要。背景平平的毕业生想从事传统观念认为需要优越背景的工作，可以在以下 3 个主要方面展现个人特色，从而脱颖而出。

## 知识见闻

在我职业生涯的早期，一些背景优越的同事会在高档餐厅招待客户。我对高档餐厅不大熟悉，但我知道很多街头风味小吃，知道哪里有最好吃的煲仔饭或咖喱鱼头，所以有海外客户来访并想尝尝本地特色时，我会带他们去吃最地道的新加坡美食。同样，如果有客户与我闲聊，为运动受伤而懊恼，我无法像我的同事那样推荐顶尖的骨科医生，但我认识一位出色的老中医，擅长治疗跌打损伤。

我年轻时，英语说得不如毕业于常春藤盟校的同龄人流利，但在爸爸的虾面摊帮忙让我接触到各种方言，所以除了普通话，我还会说广东话和闽南话，这对我在银行的工作很有利，因为一些事业有成的企业家更愿意用自己熟悉的语言交谈，而不用英语。

如果你的背景也很平凡，想一想你那些独一无二的技艺、才能和人生经历该如何为你所用吧。

## 工作态度

我的第一份工作是在银行销售外汇产品。那时，像我这样的年轻人必须轮流为资深交易员买外卖午餐。那些背景优越的毕业生听到这样的事，可能会感到震惊，他们从未做过这样的琐事。我也不喜欢，但不会表现出来，继续接受跑腿任务，前往附近的厦门街熟食中心或者麦士威熟食中心。这两个地方的食物品种多、味道好，因此总是人头攒动。同事们点的菜也各不相同，虽然两个交易员都喜欢馄饨面，但指定了不同摊位的馄饨面，所以我不得不从一个摊位跑到另一个摊位。

我有了一些资历后开始经常出差。有段时间我们银行削减开支，让我们乘坐飞机经济舱。我那时很年轻，从来没想过要坐商务舱、住君悦或威斯汀这样的五星级酒店。我甚至已经准备好与同事合住一个房间，进一步节省成本。我对此完全没有感到不适。但公司里一些人的家庭比较富裕，一直都坐商务舱或头等舱，甚至连度假也是如此，他们对公司新政感到恼火，因为削减开支对他们来说意味着降低了出行档次。

如果你的家庭不那么富裕，你可能会发现自己对生活的态度与一些同龄人不同，更容易适应生活中的起起落落。一定要充分利用自己的这个特点！

## 客户尊重

如果客户只想和背景优越的员工打交道，就把他们介绍给这样的同事，提供让他们满意的服务。我们不需要所有人都喜欢我们，生活如此，工作也如此。但以我的经验判断，这样的要求很少见。事实上，有些客户往往非常尊重那些出身贫寒但通过努力证明自己实力的人。有些"富二代"也是如此，他们在富庶的环境中长大，身边都是富人，与出身环境不那么优越的你交谈，反而令他们耳目一新，因为他们欣赏你的职业道德和独特视角。他们已经熟悉一贯优越的职业发展道路（英美顶级大学、一流大公司的实习等），你的经历与别人不同反而更有趣。所以，不要害怕告诉别人你的故事。

如果你出身平凡，也没有必要自卑，因为我们可以通过自己的知识见闻、工作态度以及能带给客户的不同价值和自己独特的方式一展抱负。如果想在职业发展上取得成功，我们必须学习家里或大学里没有教过的新技艺才能和新行事方法。比如，初入职场时穿着得体很重要，衣服不必太贵，合身就行；如果你不善社交，就要努力提高；还有，正如上文所说，拓展兴趣爱好，与人谈话就不会缺少话题。

作为一名普通毕业生，我起初对很多人所定义的成功一无所知。我不知道成功人士要戴昂贵的手表。后来，一旦我不再像一张白纸一样天真，我就开始对自己的出身感到自卑。然而，随着职业生涯的发展，我的自卑感逐渐减少，我最终对自己的出身感到自豪。

对于普通学生来说，找到理想的工作并取得成功是绝对可能的，只要从职业生涯一开始就付出额外的努力。漫漫长路，乐观前行。

# 46

## 从艺术中获得灵感

我们都知道，创造力在每个行业都是最受追捧的能力之一。工作中出现了问题，要想找到新的解决办法，就需要有点创造力。我的学生问我"如何才能提高创造力"，我从不会对他们说"要突破思维定式"，这种建议既是陈词滥调又没有实际效果。大多数人一开始根本不知道自己的思维有什么定式。受工作环境、公司状况以及行业特点的影响，我们产生了固定的思维模式，但我们根本意识不到这一点，也看不到有什么发展创造性的可能。

只要我们仍然处于习惯的教育和成长环境中，便很难有突破和改变的创造力，因为我们觉得接受所处环境的规则并受其约束是理所当然的事情。

从目前的工作中获得创造力会有点困难，所以你最好从别处学习创造性的新思维，并在工作中加以实践。有个学习创造性思维的好方法，那就是从艺术中获得灵感和创意，学点绘画、雕塑、音乐、舞蹈或其他艺术。我的体会是，对艺术鉴赏和设计工作的兴趣激发了我创作的活力，从中获得的灵感和思路是在银行工作中无法收获的。

## 打破传统

我第一次接触艺术是在大学读工科的时候，我选修了艺术史。我是唯一一位选修这门课的工科生，我当时觉得了解点艺术会对我有所帮助。授课老师是沙峇巴地（TK Sabapathy）——新加坡著名的艺术史学家和艺术评论家。他从广义角度介绍了艺术的发展，从亚洲古代艺术到西方当代艺术。各个时代艺术作品给我带来的震撼，已经超出了美学鉴赏的范畴。

我从这门课中感悟到伟大的艺术家从不害怕引领艺术新趋势，哪怕引发学术争议，也无所畏惧。例如，19 世纪印象派画家打破传统，用细微、清晰的笔触描绘日常场景，他们的做法一度震惊了法国艺术界。我开始明白，艺术的创造力有时需要一种无视传统的精神。我开始工作后，艺术史课带来的感悟，让我有胆量和信心去质疑那些过时和低效的规则。

我从沙峇巴地的艺术史课上学到的内容至今仍影响着我。去一些世界顶尖大学讲课时，我会带一只街头小吃摊常用的公鸡碗作为教具。有朋友来听我讲课时，他们都会惊讶我借助这样日常的道具讲解银行业的运作。但我喜欢别出心裁，不想遵循所谓的教学惯例，说起银行家如何从街头小吃摊贩那里学习职业操守时，我就举起这只碗来表达观点。我从艺术史课上学到，创造力有时需要打破传统，唯有如此，你最好的主意才能冒出来。

## 简约之美

在中国香港工作时，从我的办公室可以俯瞰著名的香港中银大厦。这座建筑于 1990 年启用，至今仍是香港的地标性建筑，因通体覆盖玻璃的三角柱体结构而闻名。日复一日观赏这座摩天大楼，有一天我决定动手做个这座楼的模型。我把一大张的金纸板剪成四片，依照大厦的样子折成四个三角柱，然后组装起来。亲手制作模型时，我才领略到这座建筑背后的创意之美。它看起来非常简约、线条清晰、通体平滑，只有很少几个棱角。这座建筑由美籍华裔建筑师贝聿铭设计，他有很多享誉世界的著名作品，包括巴黎卢浮宫前的玻璃金字塔。

制作模型让我想到，无论在建筑业、银行业还是其他领域，有创造性的解决方案并不一定是复杂的。我们在工作中往往将事情复杂化，以为问题越难，答案就应该越复杂。其实，有时简单更好。

## 用艺术来训练思维

我闲暇时会自己动手做些艺术品挂在屋里。有一件作品是用一打小小的阿迪达斯超级明星鞋的塑料钥匙链做成的。我把它们粘在一块橙色纸板上，罩上玻璃。几乎所有模型的鞋底都贴着纸板，只有一只除外，它向上穿过玻璃上的一个小孔。我想表达的是，人生中任何一段新旅程，迈出第一步、突破最初的障碍是最困难的。玻璃框不仅是这些小鞋子的保护罩，也是这件艺术品很重要的一部分。我把这个作品命名为"千里之行，始于足下"。

在进行艺术创作时，你的大脑会在绘画、音乐或任何你喜欢的艺术形式间不停地运转，经历一个个思考过程，不断冒出新想法。你可以通过艺术创作训练自己的创造力。然后，你会带着这种探索的心态去工作，对工作方式提出疑问，再寻找答案。做些艺术创作工作让我学会了打破低效的传统，找出简单的解决方案，这也训练我养成质疑陈规的思维习惯。

我希望你也能选择做点艺术创作工作。你可以去上陶艺课或舞蹈课，去美术馆听讲座，也可以尝试绘画。如果没有时间做这些事，你的口袋里就有一个很棒的创意工具：手机。

# 47

## 三人行，在合作中学习

我喜欢参加课程学些新东西，但学习不一定要在课堂上。我学到的最好的、印象最深刻的东西，都是与别人一起做事时收获的。事实上，如果有人问我，想学点某个领域的知识应该参加什么样的课程，我会建议他们考虑如何与那一领域的人展开合作，这样也能获得相同的知识或技能。

我在大学讲授思想领导力课程，听完课的学生常常想实践一下所学内容。有一名文科生钟本飞，结合课上得到的主要收获和心得写了篇文章。在社交媒体上发布前，他请我先看一遍。我快速浏览了一下，提了一些让他写得更有意思的建议。我的点评令小钟又加深了对思维领导力的理解。下课后，小钟来找我寻求有针对性的建议，比如如何很快学会一项新技能，如何写好一篇有想法、有意义的社交媒体文章。他在实践中学习，写文章，吸收我的观点，然后观察粉丝的反应。我们都应该像小钟那样在课外寻找学习机会。

## 在合作中学习

陈乃绫是我社交媒体上的一个好友。她问我，为什么我的一些帖子能有那么多的读者反馈，我是如何吸引粉丝互动的。她曾是一名记者，想写一篇文章分析我的帖子，看看那些受欢迎的帖子有没有什么共性。我给她发了很多帖子让她评估、分析。我很热情地配合她的研究，因为她会帮助我更好地了解我的读者和作品。如果我自己做这项研究，难免会带有主观偏见，我希望她用记者的视角对我的社交媒体内容进行客观的分析和评价。乃绫有很多非常有用的发现，其中一条是她发现我许多受欢迎的帖子中都有人物对话。她总结说，这些对话能吸引读者进入所描述的场景。

最近我想拍一段短视频，告诉求职者如何制作视频简历。我没有时间专门学习所有拍摄和编辑技巧，所以决定一边制作视频一边学习，这样会更快、更好。我请来一位相熟的电影导演勇辉和我一起拍视频。这次合作是免费的。他也很高兴与我合作，因为他想看看我怎么做视频简历。我们俩都入镜了。我介绍视频简历中应该包含哪些内容、与书面简历有什么区别等，接着他介绍手机拍摄视频、软件编辑视频等方面的技术问题。从搭好设备、拍摄到剪辑成片，一个最终只有 6 分钟的短视频总共花了我们 6 小时。不过一切努力都是值得的。我不仅学会了制作视频、讲好故事，还目睹了一个专业导演如何做拍摄计划、如何调整灯光、如何布景。更重要的是，求职者觉得我们的建议非常有用。

## 向别人学习要礼尚往来

有些人慷慨善良，愿意无私地教你。有一次我想做个"翻转课堂"的视频内容，学生可以先在家观看线上讲座，预习课程内容，这样我们就可以把课堂时间充分用于讨论和解决问题。我观看了许多线上的培训视频，但仍然有一些录屏软件的技术问题要解决。我给洛杉矶的培训师克里斯发了封电子邮件。他很快回复了我，提出和我视频通话。他给了我一些非常有帮助的建议。他那么热心地帮助我，作为回报，我邀请他在一次线上讲座中发言，把他介绍给我的听众，帮助他在社交媒体上建立良好的形象。至今我们已经合作过好几次，包括共同主持了几次直播。

人们出于善意、不求回报地教授你新知识、新技能时，你不要理所当然地接受，最好自己也尝试回报他，礼尚往来能让你们走得更远。起初，我和克里斯的关系是短期的、单方面的，但我并没有理所当然地接受他的好意，我们建立了长久的、于双方都有利的关系。

上面介绍的通过他人学习新技能的方法，能快速、有效地巩固你的知识体系。在实践中学习（通常被称为"体验式学习"），而不是只注重理论学习，会让你收到有针对性的反馈和一对一的关注。钟本飞得到了改善社交媒体内容的具体的写作建议，克里斯帮我解决了急需解决的视频问题。与别人合作也可能让你与他人建立牢固的融洽关系，将来你们可以更多地分享自己的才能。

　　向他人学习可能不像报名参加一门课程那么简单，但你可以由此更深入地掌握知识。去寻找合作机会吧，不要害怕向别人求助，不过要准备好给对方提供些有价值的回报。

# 48

## 善用科技

"嘿，乔治，我听说有个工作机会，可能适合你。你的电子邮箱是什么？"

"谢谢你，我的邮箱是……"

一天后。

"乔治，发给你的邮件被退回了。"

"哦，对不起，文才，我写错了，应该是……"

"不好意思，乔治，公司刚刚确认录用另一位候选者了。"

有时候，一些很小的失误可能导致延误，最终让我们错失良机。我很清楚这一点，所以总会通过技术手段、应用程序和某些小工具，减少失误，提高工作效率。例如，我在手机和笔记本电脑上输入个人信息时，会使用快捷键来生成，无须完整地键入内容，既准确又简单。每次有人问我办公地址时，我只要输入几个字母，整个地址就会出现。

几年前我便开始这么做了，因为我一直对科技很着迷，它大大改善了我们的生活。我还是任务管理应用程序的老用户。总有人向我推荐图书、电影和餐厅，我会立刻将之添加到手机的提醒列表中，否则我很快就会忘记它们。我随手记下的这些新知识、新信息，尤其是推荐书单上的那些书，让我受益良多。不过我得承认，有几部电影令我很失望。

## 好好利用指尖上的科技

文字翻译应用程序是另一个我很喜欢的工具。有些人偶尔在工作或出国旅游时用它们来翻译几个词句，但我会更进一步，写完一篇英文的社交媒体文章后，我会用翻译应用程序把整篇文章翻译出来，创建一个粗略的中文版。这些翻译应用程序中有海量的中文词汇，有时它会提示一些我想不到的词语和短语。尽管在文章发布之前我仍需要做些调整，但这个过程比手动翻译快多了。这个小小的步骤让中文基础薄弱的我得以定期发表中文文章，与更多的中文读者建立联系。

我还将所有文件都存储在云端，以便用手机轻松访问。这个方法比你想象的更方便。与客户开会时，客户可能会抛出一个你预料不到的问题，这或许就是个新机会，你可以通过手机访问云端硬盘，当场向他们展示相关信息（如近期完成的一份演示文件）。机会总是出现在意想不到的时候，会利用技术，你就能抓住机会。

有一次我在会见一位客户时，他说自己想学一些中文金融术语。我有一个 PDF 版本的词汇表，包含从加速折旧到无息债券等金融术语的英文名称、首字母缩写及中文翻译，共 300 多页。我觉得这份文件肯定有用。我对客户说"我马上给你"。我拿出手机，在云端硬盘上搜索到文件，通过电子邮件发送给他。他不仅对我分享这份词汇表表示感谢，还惊讶于我可以如此迅速地发给他。

## 让技术成为你的竞争优势

当你利用科技工具为别人提供更高效的服务时，他们可能会因此认为你是一个有能力的人，愿意继续与你打交道。如果你是某项技术的早期使用者，并将它创造性地应用于工作，一定能在同事中脱颖而出。我在职业生涯的大部分时间里都在努力做到这一点。早在 iPhone 问世前，我有一部索尼爱立信直板手机，做演示时我会把它作为 MacBook 的蓝牙遥控器。这在当时对很多人来说是闻所未闻的。我们银行曾在泰国普吉岛举行团队建设活动，开会时我用手机控制笔记本电脑，让同事和客户大吃一惊。因此，他们听我演示时也更专注了。

如今，我去大会演讲时总会带一个手机 HDMI 适配器，把我的 iPhone 连接到演示屏幕上。我借机向人们实时展示手机上的应用程序是如何工作的，这比静态的 PPT 展示更有效。很少有人在演讲时用手机播放资料，而我只需要一个简单的适配器就可以给观众带来不一样的体验。

如今，视频会议成为人们交流的常态，我买了一个高端麦克风、一个高级照相机，参会者都反映我的视频画质和音质都特别好。在一个竞争激烈的市场中，网络研讨会的技术质量对我能否获得成功至关重要，因此我必须努力领先一步。我还买了一个直播制作转换器，演示时可以通过按钮切换两三部相机的画面。

如今的技术发展非常迅速，今天善用某个技术工具是你的优势，一年后这个技术工具可能就会尽人皆知。因此你需要拥有一种"科技思维"，不断寻找新的应用程序和小工具，帮助你改善生活和工作表现。另外，现有技术也会有一些新用法，你应该花些心思去挖掘。

有些免费的技术（如键盘快捷键）确实很有用，但你还是应该在技术上花点钱，像 HDMI 适配器这些便宜的小玩意也能让你不同凡响。另外，如果有多个应用程序可供选择，不要拒绝 20美元的那个选项，它可能比免费的那一款好用得多。一笔小投资就可能为你带来巨大的回报，比如它能确保你不会因输错电子邮箱地址而错失工作机会。

## 第 9 章

# 生活中的智慧：
# 善用金钱、健康和时间

# 49

**不要奢侈品，而要实用品**

对任何人而言，当上总经理、合伙人或类似高管职位都是职业生涯的高光时刻。一旦取得这种里程碑式的成就，许多人便开始一掷千金，买高端品牌、换更宽敞的房子。他们不假思索，花数万美元买手表、超级跑车，或者在自家地下室建个酒窖。如何解释他们这种奢侈的行为？有些人是为了获得及时的自我满足，有些人则主要是为了让朋友、家人和同事看到自己的成功，让他们羡慕自己的新财产。他们想表达："我成功了！看我的手表，看我的车！"此时，这些手表和汽车越是国际大牌越好。

虽然难为情，但我也必须承认，在职业生涯中期获得一次很重大的升职后，我的反应就是这样的。后来被任命为董事总经理时，我开始有了不同的想法。我没有铺张庆祝，在董事总经理任期内也没有大肆消费。我戴的手表是天美时，不是劳力士。为什么我会这样，哪怕薪水飞涨，我也建议你控制开销？

我有以下几个原因。

## 物质带来的兴奋不会持久

人们拥有奢侈品后，往往只在最初的几周感到心满意足，新鲜感很快就会消失殆尽。既然市面上有很多不错的替代品，为什么还要买昂贵的产品呢？旅行时，我就认为帆布材质的旅行包足够体面，并且很容易清洗，把包放在地板上也不担心会弄脏。

## 昂贵的东西不一定实用

有些人喜欢买一些花哨却不一定实用的玩意，经常出差的人一定深有体会。许多生意人穿法式袖口的衬衫，扣着昂贵的袖扣。我现在会避免穿这样的衣服。有一次出差，我忘了带袖扣，发现时为时已晚，因为一大早要开会，只好跑去买了两袋面包，取下袋子上的卡扣，把衬衫袖口扣在一起。出差时，我的注意力应该放在为客户服务上，而不是放在袖扣上，或是那块昂贵的手表上 —— 开会时我才想起来，我把它落在酒店房间里了。

## 便宜的东西更个性化

便宜的东西可能比昂贵的东西更好用，特别是你可以对其进行个性化定制。我是一名金融专业人士，但我不会用昂贵的钢笔写字，而会大量订购百乐牌圆珠笔，印上我的电子邮箱地址。你也可以想一想如何让一些日常用品更个性化，让它们看起来更独特、更专业，又不必花很多钱。也许你可以把名字印在名片夹或笔记本上，又或者买一小块品质好的布料，定制一条围巾或西服上装的口袋方巾。

## 工作不一定稳定

如今，突飞猛进的技术几乎改变了所有行业，因此你的工作不一定会一直稳定。一旦失业，你可能很难再找到一份同等薪酬的工作。奢侈的生活方式不可持续，这关乎你是否有能力一直有工作并追上不断增长的开支目标。每一次升职加薪时我都很高兴，但我不会想当然地认为我会一直拥有这份工作（和高收入）。

## 利用"套利"机会

有时候，我们在选到便宜的东西时会乐在其中。我经常请人去高级餐厅吃午餐而不是晚餐，这样就能用稍低的成本得到同样美味的食物和雅致的环境。我在中国香港工作和生活期间，会选择周边的城市度假。我知道，回新加坡生活后，去东南亚的巴厘岛和槟城等地旅游会更便宜、更方便。你也可以想一想，生活中有哪些可以利用的"套利"机会。

## 延迟享乐

我在工作后的第 8 年才买第一辆车。此前一年，我升了职，已经有能力买车，但我还是决定在新职位上稳定工作一段时间再买车。同样，年轻时我推迟了离开父母独立生活的时间，暂缓追求自由，因而省下了数万元的租金，我用这笔钱付了平生第一套房子的首付款。推迟消费一年，可以帮你节省开支，长期而言，你将因此获得更多的自由。

获得晋升或大幅度加薪时，想奖励自己、庆祝自己辛苦取得的成就，这很正常，但是请记住，成功和高消费并不一定要齐头并进。

# 50

**财务自由**

财务自由不是让你提前退休，而是让你获得追求自身幸福、按自己的意愿做决定的底气。财务自由可以让你工作时更有胆量、说话更有底气，因为你不用担心失去工作的经济后果；又让你更加自信，敢于承担职业发展中的风险。我很幸运，现在能够财务自由，可以选择做报酬不高却更有满足感的工作。学生们听了我的讲座或读了我的博客文章，会纷纷表示我改变了他们的人生，对我而言，这就和完成一笔大额银行交易一样让我开心。

## 踏上财务自由的漫长旅程

在职业生涯早期，财务自由往往像个白日梦。我在多年的辛勤工作及量入为出之后才获得财务自由，所以我认为，一旦我们为自我提升预留了足够的资金，就应该开始为更自由的未来攒钱。即便我们无法完全实现财务自由，也可以积累足够的财富，无须工作也能至少维持两年的生活。

如果可能，我建议你把收入的 10% ~ 20% 存起来。一开始这笔钱可能不算多，但经过几年的累积，这笔钱会越来越丰厚。如果你每次加薪时也提高存钱比例，那么这笔钱会更丰厚。比如，你每月挣 10000 元，存下 1000 元。上司把你叫到办公室，说给你加薪 5%。你不要觉得加薪太少而不把这笔钱当回事。加薪 500 元，你的月薪就是 10500 元。如果你决定将你增加的部分都存起来，那么你每月的存款就增加了 50%，达到 1500 元，实现储蓄目标的步伐就更快了。

如果近期加薪的可能性不大，那么你可以考虑做份兼职。小额的外快也能产生很大的影响。你日常的基本需要，如住宿、食物、交通、简单的娱乐和自我提升等，已经由主业的工资支付。以上述加薪的情况为例，你不要以占工资的百分比来衡量外快，而要以占预留金额的百分比来计算，这么看，外快就是一笔很重要的收入。

## 感受复利的力量

对于债务，我本人可以接受房产抵押，但我一般会避免汽车贷款和信用卡贷款，因为它们的利息太高。如果采用复利计息的

方式，月利率 2% 的信用卡，其年利率高达 26.8%。反之，复利
也有好处，不要低估复利的积极意义，按照这一计算方式，你的
长期储蓄收益是惊人的。如果把要花在汽车上的钱转而投资，例
如投资一个年回报率为 5% 的理财项目，虽然现在听起来可能不
太吸引人，但 20 年后，这笔投资可以产生 165% 的收益。

## 花点时间思考投资

固定利息的投资只是长期积累的一种方式。我如今之所以能
够财务自由，是因为我投资了股票、房地产和房地产投资信托基
金（Real Estate Investment Trust，REIT）这类简单的投资项目 [1]。
我之所以选择简单的投资项目，是因为我在银行工作过，很清楚
投资回报与投资产品的复杂性没有必然关系。

我很幸运，在亚洲经济增长和科技繁荣的双重浪潮中，我的
一些投资赚了钱。我不会频繁交易股票，只会大概每年做一次长
线投资决定。本章的目的不是提供具体的投资理财建议，我不会
在我不熟悉的领域里假装专家。再者，每个人的投资选择都会受
到许多因素的影响，如你的资金规模、风险偏好、地点和年龄等，
这些因素导致投资方式因人而异。但不管怎样，你都应该确保自

---

1  *投资有风险，决策须谨慎。——编者注*

己对所投资的领域有透彻的了解，而且一定要透明。试问，销售人员向你推荐某个投资产品，是因为这个产品真的很适合你，还是因为他们能从中赚取高额佣金？

尽管这本书的主要内容是教你规划职业发展，但是我们也必须花点时间仔细考虑用自己的钱做什么投资。根据我的经验，许多人只关注日常工作，却不太关心如何安排赚来的钱。金钱不应该只给你带来短期的满足感，还应该在未来的职业生涯中帮助你实现一定程度的财务自由。即使回报不如你期望的那么大，也能让你做更多快乐的事、过上更自由的生活。

# 51

## 把钱花在刀刃上

在购物方面，我不是个奢侈的人。不过我也不会一味地省钱。我的经验是，适当花点钱对职业发展有好处，比如，能帮我们节省时间或建立人际关系，带来长远的收益。

### 谁说"金钱买不到时间"

香港国际金融中心商场里的健身房是这个城市比较昂贵的健身场所，不过，这里的服务果然很周到，我觉得很值得。我可以只带一双运动鞋就来健身房，其他一切东西——从运动服到发胶一应俱全。我通常会利用午饭时间去锻炼，但不用把湿漉漉、臭烘烘的运动服放在办公桌底下。另外，我之所以愿意成为付费会员，还因为办公室和健身房在同一栋楼里，我不用走很远就能健身，这样，工作忙时可以省下很多时间，即使天气有变也不会影响我的健身计划。金钱有时真的可以"买到"时间啊！

新冠肺炎疫情席卷全球时，我不得不从现场演讲转战线上演讲。为了确保网络研讨会的制作品质，我在新加坡封城前一天疯狂购物，购买照明设备、音频和视频设备。那时，举办网络研讨会对我来说是件陌生的事，我还不确定哪些设备有助于演讲成功，所以我宁愿多买一些小玩意。

我不想因为商场暂停营业而在线上演讲期间无法购置缺少的重要设备。网购时，只要能在下一场活动前用上新设备，我宁愿多付一些配送费。如果一个小摄影灯能大幅提升网络研讨会的质量，从而让数百名听众受益，那么付点钱请商家快点送货也是值得的。

## 请客表达谢意

我们不应该只把钱花在自己身上，偶尔也要把钱花在别人身上，包括同事和客户，借以表达感激与欣赏。木迪是我的前同事，很年轻。他想让我给他提点职业发展方面的建议，便请我去一家很不错的网红餐馆吃饭。午餐很丰盛，我们聊得也很开心。用完甜点，我正要结账，木迪说他已经把自己的信用卡留在收银台了。他事前就知道无论怎么坚持，我肯定不会让他请客，吃饭前把信用卡偷偷交给服务员，我就无法和他争着结账了。他用这个办法向我致谢。

我跟木迪学会了这一招。别人放弃宝贵的时间与我共进午餐、给我提建议，我应当尽力避免出现令人尴尬的争抢付账的场面，所以客人到达前我一般会把信用卡交给服务员。这个小小的举动，即便在不贵的餐厅，也能帮助你传达自己的好意。

## 发个红包表示心意

新加坡的春节也有发红包的传统，也就是给年幼的亲戚和年轻的同事一点压岁钱。我还会发红包给银行的行政人员和清洁工，以表示对他们辛勤工作的感谢。我的秘书总是不嫌麻烦地帮我订我最喜欢的航班，清洁工则总会把我的办公桌擦得一尘不染。我也会给我经常光顾的餐馆的服务员发红包，感谢他们记得我的名字并且照顾我的客人。

红包的意义不在于你包了多少钱，而在于表达心意。你善待他人，他人也会善待你，愿意为你做些分外的小事，让你一整天都有好心情，从而更专心地工作。

## 高端的社交场所

第一次晋升到资深职位时我在中国香港工作，银行当时奖励了我一艘豪华游艇俱乐部的会员资格，我只需自己付一点点月费（与入会费相比微不足道）。从俱乐部可以俯瞰香港岛南面的大海，其中的设施包括餐厅、健身房、游泳池和屋顶网球场。但我谢绝了这个会员资格，我觉得这些设施对我而言没有必要。此外，俱乐部离中环太远，也不方便用来招待客人。

当我告诉同事我拒绝了俱乐部的会员资格时，有人非常惊讶。在他们看来，俱乐部的设施和费用并不那么重要，这样享有盛名的俱乐部，会员从企业主到大公司的高管都有，大家在休闲环境中扩大社交圈，能带来极大的工作优势。这也让我意识到为什么有些人喜欢住在高档社区，把孩子送到名校——都是为了社交。他们这种思维和处事方式对我来说不太自然，我更愿意通过互惠互利的方式建立人际关系。不过，即便你也不愿意把钱花在社交上，明白有些人如何利用财富建立社交圈也很有用。

## 让所有客人都感到特别

我搬回新加坡后决定加入一个俱乐部。我选择的不是类似豪华游艇俱乐部那么昂贵的地方，而是位于新加坡市政区的一处俱乐部，它传统的英式氛围很适合招待客人。我喜欢请朋友、外国友人、学生还有客户来这里吃饭。从俱乐部可以俯瞰标志性的政府大厦大草场，而且这里是板球、网球和橄榄球等运动爱好者的聚集地。走进这座历史悠久的俱乐部，里面有几间餐厅和酒吧，你几乎可以闻到历史的味道。我希望客人能在这里有别具一格的感受。我向他们介绍俱乐部周围建筑的悠久历史，比如前面两座被指定为国家遗产的新古典主义建筑，过去是新加坡最高法院和政府大厦，如今都成了新加坡国家美术馆。

这个俱乐部对我来说还有一个好处：它不接受客人付账，所有账单都会在月底发给会员统一结算。这意味着我不必担心在本该由我请客时，会有像木迪这样的客人把自己的信用卡留在收银台。

人们有点钱时总会忍不住购买消费品满足欲望，但是你可不要低估把钱花在能让你节省时间或者让他人有别具一格的感受和体验的事情上给你带来的好处。如果你不喜欢成为俱乐部会员或到高级餐厅就餐，那么尝试用其他方式招待别人，比如给他们买杯咖啡、带他们去吃你最喜欢的街头小吃或者自己组织社交活动。只有把钱花在刀刃上，对将来才有帮助。

# 52

## 应对工作压力的三种方法

无论资历深浅，人人都有工作压力，压力往往是由工作量太大或职场人际关系引发的，比如你的同事可能不如你能干，却擅长在上司面前邀功。我也承受过工作压力，包括与阴险狡猾的人打交道、在非常紧迫的期限内完成工作，还有处理被搞砸的交易。

在银行工作时，我曾为一位客户发放了一笔结构性融资贷款，后来他违约了。我听到消息后的第一个念头就是"无论如何我都得把钱拿回来"。我花了几周的时间请求银行允许我重组交易，同时帮助客户从其他渠道融资还贷。这是我职业生涯中压力最大的一段时间，压力对我的影响持续了好几个月。我甚至想过辞职，但我觉得有义务在辞职前收回贷款，不然会破坏我在这个行业的声誉，所以我硬着头皮继续解决这个问题。

我是如何度过那揪心的几个月，没有因为压力太大而失控的呢？以下3种方法帮助了我，我相信它们也能帮助你。

## 锻炼

哈佛健康出版（Harvard Health Publishing）网站发表过一篇文章，解释了几乎所有有氧运动都具有独特的抵抗压力、焦虑和抑郁的能力。

这些年来，我有压力时，锻炼确实给了我很大帮助，让我又快又有效地释放压力。如今我工作再忙、日程再紧，也会抽出时间锻炼，无论是在跑步机上跑步、在私人教练的指导下举重，还是仅仅出去散散步。工作繁忙却仍重视锻炼的人不只我一个，许多成功的商界人士也是如此。我认识一位高管，他出差时入住酒店后的第一件事就是去健身房跑步。锻炼真的可以让你进入一种更平和的情绪状态，从而更有效地应对压力。

## 健康饮食

越来越多的研究在探索食物与精神健康之间的潜在联系。哈佛健康出版还有一篇文章将人的大脑与高级汽车进行比较，将大脑形容为一辆"只有燃烧高品质燃料才能发挥最佳性能"的汽车。文章作者指出：你吃的食物直接影响大脑的结构和功能，最终影响你的情绪。

我认为自己应对压力的整体能力提升，可能与我在饮食习惯上的改变有很大关系，比如吃营养更丰富的早餐、少吃煎炸油腻的东西、避免暴饮暴食等。如果你察觉自己需要改善饮食习惯，就要去查找可靠资料，寻求专业的建议。我们应当重视健康饮食，并且相信它有助于缓解压力。不过我不是这个领域的专家，不能给你具体的饮食建议。

## 表达情绪

在社交媒体上，我们往往只展示自己成功的一面，因为我们担心被别人视为弱者。但是，总是重复自己的志得意满，就很难再述说自己的压力和焦虑，哪怕在面对面时也会觉得难以启齿。我的建议是偶尔写一写你的失败或弱点，这有助于减轻你追求完美的压力。

更重要的是，私下与你信任的人说说自己的压力很有好处，无论对朋友还是家人。如果一直隐藏自己的情绪，而不将之表达出来，那么压力可能会持续更久而不能被释放。朋友会理解你的压力并给你支持。把烦恼说出来后，你可能会发现其实问题并没有你想象的那么严重。关键是，在人生顺利时要与朋友和家人保持联系，不要等到有了压力才去找他们倾诉。

以上 3 种方法足以让我应付来自客户和同事的压力。工作压力无法避免，但可以尽早采取措施，不要让压力压倒你。有些问题可以随着时间的推移得到解决，只要你能顶住压力并坚持到底。如果你不采取行动以释放压力，长此以往，这些压力就可能影响身体健康。通过锻炼、健康饮食以及适当表达情绪，在压力下你会比长期处于负能量控制的同事坚持得更久，更容易克服工作中的挑战，你也就更有可能得到上司的认可。

那一年，经过长达 11 个月的努力，我终于解决了那个结构化融资项目的问题，向客户收回了全部贷款。不仅如此，我还为银行赚了一些钱。这对我来说是多么巨大的解脱！

# 53

## 如何做到早上 5:30 起床

我曾非常讨厌为了上班而早起，星期一时情况最为糟糕。成为银行资深经理后，我必须在 7:45 之前到达办公室，参加每周的晨会，介绍金融市场的最新动态并汇报自己的业务情况。

后来我决定在本职工作外开展新项目，这让我很兴奋，于是我改变了。我在早上 5:30 就自然醒了，比以前早了 1 小时。起床后我心情愉快，因为生活比以前刺激了。很快我就发现，清晨是规划创新战略的最佳时机。从那以后，我一直在 5:30 左右起床。

### 额外 1 小时的能量

现在，根据每天的需要，我可以用很多方法把额外的 1 小时充分利用起来。以下是早起后多出的时间带来的好处。

#### 思考重要的长期任务

我们经常忙于处理迫在眉睫的事项，比如续保、交停车罚款或者完成下一个任务。但是要想获得成功，你应该优先考虑那些重要但不紧急的事项，而不是紧急但不重要的事项。你可以运用清晨腾出的额外时间做些更长远、更重要的生活规划；你可以考虑采取哪些具体的小行动让当下的工作回到正轨；你也可以开始学些新技能，规划全新的职业生涯。一旦专注于有启发性的事情，你就会为自己早上的工作效率感到惊讶。

## 与高管建立关系

很多高管也起得很早，但他们早上的日程不会那么满，不会一大早就处理来电和邮件。你可以利用这段相对安静的时间与他们交换信息，或者与他们散散步、聊聊天。

## 早点去上班

如果你刚到新公司上班或者刚刚进入职场，那么最好早点到达办公室，尽快进入工作状态。这能给同事留下好印象，也能让你在处理完当天的任务后有时间做些更有创造性、更令人愉快的工作。

## 自我反思

清晨的时光并不一定要以工作为主的。有时候，我早起后不发电子邮件，不看社交媒体，也不看新闻。一天中清醒的第一小时，神奇而平静，我会走出门去享受这份宁静，闻着清新的空气，进入沉思的状态。无拘无束，任由思绪四处飘荡。有时候我会想，如果我的寿命只剩一年，有什么事要立马去做；如果我能活到 100 岁，又要怎样去做人生计划。你也可以利用宁静的额外 1 小时去想想那些看似不可能实现的目标，说不定这些不可思议的梦想最终会改变你的人生。

## 如何早起 1 小时

尽管早起有上述好处，可许多人依然认为早起 1 小时实在太难。我自己也是最近才做到的。以下 3 条建议或许可以帮助你早点起床。

### 清晨做些愉快的事情

我们不愿意起床的一个重要原因，是因为起床后要做不喜欢的事情，动力几乎为零。因此，早起的秘诀是去做让自己愉快的事情。如果你不信，可以去问问那些高尔夫爱好者，为了打高尔夫，再早起床他们也愿意。我喜欢起床后读文章和看书，为博客、演讲和大学讲座积累想法。有时候，我会想想一周计划、十年目标，或者我想和哪些人保持联系等。另外，我还会在花园里专注地走走，侍弄花草，我经常能发现一些自己平时不大注意的东西，比如采蜜的太阳鸟。早上多出 1 小时，你喜欢做些什么呢?

## 养成一个清晨习惯

尽管有很多事情可以做，但我们还是应该至少养成一个清晨习惯，作为一天的开始。例如，我一起床就会喝一杯温水，这不仅能补充水分，提神醒脑，还能告诉自己，清晨时光正式开始了。这个动作于我而言不可或缺。我们也可以早起锻炼身体，让自己感觉放松，为新的一天养精蓄锐、做好准备。

## 合理作息

我一般不熬夜。即使你不是睡眠专家也应该知道，如果总是晚睡，你必定很难在早上 5:30 醒来。

早起会带给你很多好处。你的头脑在清晨的宁静中清醒，此时做事效率远胜于度过漫长而疲惫的一天后的效率。早起让你更有创造力:你最好的想法会在此时出现，而此时有些人还没起床。试试早起两周，看看感觉如何……你可能会上瘾呀!

# 54

## 不仅要管理时间，还要管理精力

假如你正在考虑做一份副业或者参加一个培训课程，但是几个月过去了，你依然在纸上谈兵，因为你没有时间付诸行动。你每天至少要喝三杯咖啡才能挨过一天，下班后的你筋疲力尽，除了吃饭和上网什么都不想做。我非常理解这些感受，因为曾经的我也是这样的。

后来我开始同时做好多事情：完成银行的本职工作、去大学讲课、去各种大会上演讲、写文章……我是如何做到兼顾这么多事情的？除了管理时间，我还学会了管理一整天的精力。很多日常琐事极易控制我们的时间、消耗我们的精力、扰乱我们的思维，所以我会尽量精减琐事，将精力集中于更要紧、让我更有效率的事情上。

很多人只关注如何管理时间，但对我来说，忙里偷闲往往才是有效管理精力的结果。不把精力消耗在不必要的事情上，比如无用的会议、单调的工作，你就能省出时间。如果你的日程表满到自己快要崩溃了，实在没有时间做其他事，那就退一步，看看有什么方法可以更好地管理精力。我来举几个自己生活中的例子。

## 减少为琐事做决定

如果你每天都有烦琐的事情要处理，那么就试着做减法。你可能还记得，我每天上班都穿白衬衫和深蓝色西服，这样我就比较省心，不用考虑早上要选什么颜色的衬衫，我衣柜里所有衬衫都一模一样。我只需要选择一条喜欢的领带，白衬衫几乎能搭配所有颜色（除了白色）。这个着装的例子不适合女性，但我有位女性朋友采用了异曲同工的办法。她在手提包里放了个稍小的手袋，里面装着化妆品、钥匙和钱等物品。每天早上，如果她想换新包，那么她只需把手袋从前一天的手提包中拿出来，这样做既省心，又不会落下钥匙或口红。

## 固定一个习惯

有时候你会纠结什么时候做某件事，解决方案就是固定在某个时间去做某些事情。如果有多个时间可供选择（是早上 7 点、下午 1 点还是晚上 8 点去健身房），你就需要浪费精力去做决定，

甚至干脆放弃做这件事。周一上午 11:30 是我的健身时间，这件
事一直在我的日程表上，所以我不会在周一安排与人共进午餐。
快到 11:30 时，我就会不假思索地拿起健身包直奔健身房。

## 为一天精力的高峰和低谷做好安排

上午我的精力更充沛，我在这段时间的工作效率更高，所以
我会在上午优先做些重要工作，而尽量不参加会议。午饭后我的
精力不大充沛，所以我喜欢将会议安排在下午 2:30，充分利用
别人的精力（我不喝咖啡）。你的工作可能不能像我的工作一样
灵活，所以无法精准地安排一天的工作，比如你无法决定何时
与经理开会，但是，意识到自己的精力在一天中有起有伏很重
要，因为无论资历多浅，你都可以对时间表做点小调整。如果
你一到中午便感到疲倦，那就利用午餐时间与同事交流，在上
午精力充沛时完成工作。每个人精力的高峰、低谷时段都不一
样。我在早上效率更高，我的许多年轻学生却有早起困难症，但
他们夜里一小时的产出比上午一小时要多得多。你也可以观察一
下自己在一天中哪个时间段的效率最高，把最重要的工作放在那
个时候去做。

## 把工作和生活结合起来

　　要把生活和工作完全分开、做到二者平衡，需要付出很大努力，这对工作繁忙的专业人士来说实在太难了。我就把生活和工作放到一起管理。例如，有时我会在下班后精力还旺盛时完成比较重要的工作，这比等到第二天上午再做更高效，因为上午的时间更紧迫。在休假时，我也会回复紧急的工作信息，因为延迟回复可能导致更多问题，甚至需要结束休假去解决。还有，如果我去某个城市度假，我会去见见那里的同事。工作与生活的融合是双向的。如果我的下属想请假去看孩子在学校的演出，我很乐意让他们早退。我尽量把自己的生活和工作有效结合，省出时间与家人在一起，因为我努力工作正是为了给孩子幸福的生活和良好的教育。

## 对重复性工作进行自动化处理

　　有些无聊的工作事项会消耗很多精力和时间，所以我们应当尽可能将其进行自动化处理。我在一家银行担任风险控制经理时，必须每天从路透社和彭博社拿到当天的外汇汇率，并将之以电子邮件的形式发送给前台交易员和后台同事。我很快厌倦了这项任务，于是用 Excel 编写了个宏命令对此进行自动化处理，我只需要在按下"发送"键之前仔细核对一下数字。如果你不是编程专家，可以请朋友或同事帮你。自动化处理不一定需很高的计算机技能。例如，你可能会收到很多不相关的订阅电子邮件，有时你很难取消订阅，与其每天逐一手动删除这些邮件，不如设置自动删除，让电子邮件应用程序代劳。

## 极端时间管理

我们以为每天有 24 小时可用，其实，减去工作、学习、睡觉、吃饭和其他日常工作的时间，我们可能只剩 1 小时留给自己。因此，想想如何省下几分钟而不是几小时才是更现实的。假如每天省下 15 分钟，那么你的个人时间已经增加了 25%。我每天早上会缩短穿衣服的时间以节省几分钟。我称此为"极端时间管理"。除了袖扣，男士商务衬衫的袖子上通常有一个纽扣，但它很难系，我的裁缝缩小了我的衬衫袖口，这样就不用纽扣了。我还不想把时间和精力浪费在系鞋带上，所以我会买懒人鞋。我的西裤侧边有腰扣，这样我就不用系皮带了，机场安检时我就不用脱系皮带。这是不是很极端？是的。有效吗？肯定！

## 把一切都写下来

CEO 们有私人助理提醒他们日常约会和优先事项，但大多数人没有这样的帮手。与其努力让自己不忘记那些任务和会议，不如把一切都写下来。一个网络研讨会话题、一个想去尝鲜的新餐馆、一本需要修改的书、一部想看的电影，我把这些统统写进我手机上的应用程序。一旦才思枯竭或者忘记了什么，我就看看我的笔记。

为了将工作和生活结合在一起，我用同一个日历来记录所有事情。我不想在儿子参加柔道比赛时安排客户会议。如果太太在我谈一笔数百万美元的交易时打来电话，让我下班后买些面包回家，我也会立即将之写进日历，这样我就不必为此一直提醒自己。忙于工作时，人们很容易忘记私事。买面包是件小事，但要是忘了买就不再是小事一桩了。不信？你来我家看一下！

第 10 章

# 幸福生活的贴心指南

# 55

## 乐在工作的一点心得

我们醒着时的一多半时间都在工作。工作影响着我们的生活质量，因此许多人希望从工作中得到快乐。但是我们的雇佣合同中没有提到幸福感。雇主用金钱换取我们的服务和时间，他们没有义务为我们提供幸福。

了解工作和幸福如何互相影响，这是我们自己的事。如果你能做到这一点，同时不要设定不切实际的期望，就能找到工作中的乐趣，从而更开心地工作。以下是我从多年工作中收获的有关幸福的一些心得。

## 工作与生活的节奏感

平衡工作与生活确实可以提高幸福感，但很难实现，因为技术的发展已经让工作渗透于个人生活，这种情况是前所未有的。让我们每天的日程完全公私分明，实属挑战。我们很难每天在固定的时间下班，而远程办公更是模糊了工作和生活的界限。

所以，我认为追求工作与生活的节奏感更具现实意义。这是个较为灵活的概念，是指工作安排可以时紧时松、劳逸结合；保持工作与生活的节奏感，磨刀不误砍柴工。我们会在后文具体介绍如何将工作与生活结合起来。你不必从周一到周五每天工作到傍晚 6:30 才下班，也可以在前几天多工作几小时，周四和周五早点下班，与朋友聚会或陪伴家人。

你也可以从长远的角度进行工作与生活的节奏性安排。假如工作之余你还想考个专业证书，在备考期间你就可以准时下班，考完后再多加班赶回进度。

这种节奏感适用于人生的各个阶段。职业生涯早期，你可能需要长时间工作，积累专业经验；几年后你需要寻找人生伴侣，便会多些社交活动；一旦与伴侣的关系稳定了，工作可能会再次成为生活重心；有了孩子，你又会把精力放到家庭上。如此往复，人生就是这样。

## 工作不可能一直让你愉快

人的愉悦感来自精神状态的改变，没有这种改变，人们就不会感到开心。老板今天给你加薪 50%，你会高兴得跳起来！第一次看到银行账户上的数字增加也会让你开心。但是几个月后，你会觉得加薪是理所当然的，最初的喜悦开始消退。一年后你又会开始对现状不满，希望再次涨薪。接受这个事实吧：无论薪水多少，无论表现如何，你在工作中不可能一直感到快乐。

## 快乐无法抵消不快乐

你去外地出差，航班超售，航空公司为你升了头等舱的座位。你从未坐过头等舱，开心得像个得到糖果的孩子。旅途中，空姐不小心把咖啡洒到你的身上，弄脏了你新买的白衬衣。你只出差一个晚上，并未带换洗衣服，所以你现在很恼火。即使刚才心情很好，也无法抵消你现在的坏心情。这就是为什么有的人即使腰缠万贯或功成名就，也会有痛苦万分的时候。

## 我们需要不同类型的快乐

我们需要从食物中摄取多种维生素，同理，我们也需要从工作中获得不同类型的快乐。

## 财富

我们都需要薪水带来的快乐，无论是餐桌上的美食，还是其他让人愉悦的东西，譬如一次美好的假期或一部新手机。

## 人际关系

稳定牢固的人际关系，包括工作关系，能给我们带来很多快乐。有些人只与直接打交道的人保持联系，其实你应该在公司里找几个不同岗位的朋友，他们与你直接团队的同事不同，你们不会面临同一个升职机会、无须在同一个上司面前表现自己，因此你们没有竞争关系，他们反而能给你更多支持，你更容易与他们公开谈事情，分享对工作的真实感受，尤其是当你遇到困难时。你们一起喝杯咖啡或者共进午餐，双方互相倾诉，更能产生共鸣。

## 兴趣爱好

如果你从事的正是自己热爱的工作，那么恭喜你。对大多数人（包括我自己）来说，目前从事的工作并不是我们真正热爱的事情。但你仍然可以通过将兴趣爱好融入工作，或者从事第二职业增加你的工作乐趣，提升幸福感。

## 意义

有的工作本身就很有意义，比如在非营利组织工作或者从事帮助弱势群体的社会责任方面的工作。虽然大多数人的工作不会产生如此大的社会影响力，但我们仍然可以找到工作的意义。我的父亲从 20 世纪 50～90 年代一直在卖虾面。这份工作很辛苦，他一年到头只在大年初一休息一天，但他对此无比自豪。他身上有一种"匠人精神"。他对食材的新鲜度和烹饪的标准非常挑剔，因为他追求食物的美味。看到人们喜欢吃他的面条、一次次地光顾，他就特别开心。有一次，我听到有位顾客对他说，在移居海外之前，她经常来吃他做的虾面，如今每次回到新加坡都会再来光顾，因为她太想念这个味道了。能为这样的顾客煮一碗美味的面条，获得简单的快乐，这对我父亲来说意义非凡。

## 健康

许多人不大重视锻炼身体和健康饮食。我们把精力和时间放在工作、家人和朋友身上，却没有时间锻炼身体。长远来看，这会适得其反。如果身体不好，与可能遭受的痛苦相比，所有的快乐都显得微不足道，收入再高、工作再有意义，也于事无补。所以我几乎每天都吃健康的早餐，每周利用午餐时间去办公室附近的健身房锻炼。有段时间我只能在家工作，便每周 2 次在我住的楼里上下 5 趟爬 16 层楼梯。前文讲过，经常锻炼也能改善我们的心理健康。

请允许我祝福你在生活中的各方面都能富裕充足：钱足够多、人生有意义、身心健康……还有，拥有满满的幸福感。

# 56

**我花得最有意义的 2 元钱**

在职业生涯的中期，上司曾为我做绩效评估。他对我的工作很满意，因为我做成了许多交易，但他说我应该把一些功劳让给我的同事。那时候我们的竞争异常激烈，我一直极其努力地争取得到上司的认可，还担心有人比我能言善辩，夺走我辛苦得来的荣誉。那一次，我把上司对我的提议放在了心上，反思自己的行为后，我觉得自己做错了。

从那以后，我开始采取更合作的工作态度。每当完成一笔大型交易，我都会发送一封电子邮件感谢所有相关人员，把功劳分给他们，并且抄送给他们的上司，让他们知道自己下属的出色工作。然后，我会组织一次茶歇，准备一些甜甜圈或蛋挞（前者比后者受欢迎 2 倍），一起庆祝我们取得的成绩。如果是一笔特别重要的交易，我还会带着大家出去大吃一顿。

过去，我取得工作成绩时，人们也会向我表示祝贺，但他们的祝贺流于表面，他们也可能因为自己未被认可而不满或者心生嫉妒。但是现在，在我与他人分享功劳后，不仅我自己的幸福感增加了，而且因为工作氛围改善了，人们开始把我当作盟友而不是对手，上司也能看出我不仅是业务高手，也很有团队精神。

很自然，大家都会竭尽全力提高自己在公司的存在感，尤其在大公司，每个人都像一颗螺丝钉。但这只是短视的思维方式。从长远看，承认伙伴的贡献、与他们建立持久的互惠关系，你才会从中受益。同事会很乐意帮你取得更多的成功，因为他们知道自己也会有功劳。因此，一旦出现新的业务机会，他们可能更愿意告诉你。

## 举手之劳的善意

就像与别人分享功劳一样，施与也让人感到快乐。每周一中午，我都会去新加坡市中心莱佛士坊的健身房进行训练，之后我通常会去附近的一个小吃摊买午餐，那里有地道美味的海南鸡饭，我每周都要吃一份。一次排队时，我前面站着一个穿着正装的高个子年轻人。

"鸡饭一包。"他说。

摊主说："5元。"

"哦，5元……"年轻人打开钱包，发现自己只有3元（小摊不能刷信用卡也没有电子支付服务）。年轻人有点尴尬，不知所措。

"我替他付吧。"我递给摊主2元钱。年轻人转过头来看着我，好像我是他的救命恩人。

"您有没有 PayNow[1]？我把钱转给您。"

"哦，我没有。没关系。祝你用餐愉快。"我回答。我那时刚搬回新加坡，还不知道 PayNow 是什么。

"太感谢您了！"说完，他拿着鸡肉饭走了，消失在新加坡金融区的人潮中。

这无意中的小小施与令我一整天心情大好，这是我花过的最有意义的2元钱，比吃一块2元的巧克力棒开心多了。这让我意识到，提高幸福感不一定要花很多钱或精力。无论是帮助陌生人付2元钱买午餐，还是与同事分享功劳，如果我们慷慨大方一些，更关心他人一些，便能收获很强的幸福感。

---

1 在新加坡适用的一款移动支付平台软件。

# 57

## "巫师先生"的非常规思维

　　我乘船前往桥咀洲游玩。桥咀洲位于香港东面海域,四面环海,海水清澈见底,还有两处风景怡人的海滩,是一日徒步游的好地方。探索完主岛后,我决定步行穿过连岛坝。这是一座天然形成的砂卵石桥,在低潮时连接着桥咀洲和附近的桥头岛。我走在连岛坝上时,左脚凉鞋的带子断了。之后一整天我走路时都不得不小心翼翼,生怕被绊倒。

　　我很郁闷,这是我最心爱的凉鞋,非常舒服,我穿了8年。几周后我特地去了当初买这双凉鞋的店,希望这一款还有存货。我随着店名称呼店主为"巫师先生"。我给他看了那双凉鞋,他说店里有货,尺码也对。这何止是意外之喜,简直令人欣喜若狂!

　　"巫师先生"是个很有个性的人。他在伦敦住了30年,回到新加坡后,他发现欧洲的专业皮革制品在这里很有市场。他现在一定有六七十岁了,满头银发,却喜欢穿紧身牛仔裤、背心和尖头鞋。那天我见到他时，他穿着银色的便鞋，系一条黑色腰带。我问他为什么不遵照男士时尚杂志里的指南，搭配腰带和鞋子的颜色。他回答："年轻人，人生短短几个秋，何必担心搭不搭。想穿什么颜色就穿什么颜色。"

我顿时醒悟了。我回想，我们施加在自己身上的限制，并非基于什么操作规则和条例，而是别人（朋友、家人和同事）对我们的看法。我们努力学习，找一份好工作，结婚，生孩子，等待退休。如果我们太受控于常规教条，生活便会变得单调，我们也不会快乐。

回顾过去，我自己的职业发展在很大程度上是由我不走寻常路的行为决定的。上大学选择专业时，我遵从了许多学长的道路，选择工科，主修机械工程。然而，我大学毕业后申请了银行的职位，这当时在工科生中很不寻常。我倒不是觉得在银行工作比较好，我只是想接触不同的行业、拓宽我的视野。我的选择打破了当时的择业惯例。

## 打破银行业的传统

许多年后，我受聘于中国香港的一家投资银行，负责企业客户。入职后，我发现团队里没有人负责金融机构客户，于是我扩展了职责范围，开拓这个领域，也没有人阻止我。不到一年，我就与一家金融机构完成了一笔交易，所有人（包括我自己）都很高兴。后来我继续负责这个领域。当初我没有给自己设限，后来也得到了回报。

在银行工作中途，我开始去几所大学讲课。这又是一个打破传统的变动。金融服务行业要求苛刻，很少有全职人员从事第二职业，我却过上了两种不一样的生活。大学里的课程通常是提前安排好的，因为需要定好上课教室和授课时间，所以我一般在6个月前就知道上课的确切时间和地点。相比之下，在银行工作时，我无法确定下周自己会在哪里。如果某位客户突然要见我，我可能第二天就要登上飞机赶过去，我心里一直很担心银行工作会在最后一刻妨碍我的讲课安排。尽管平衡没有规律的银行工作和按部就班的教学工作充满挑战，却让我获得了许多宝贵的新经验。我喜欢与学生分享我的实战技巧，也喜欢帮银行的人力资源部招聘实习生。总而言之，能够为他们提供价值，我感到非常快乐。

## 双语写作

现在，我花了很多时间写博客和讲课。大多数博主即使自己会双语，也只用一种语言来写，他们可能是担心一篇文章里出现两种语言会让读者厌烦。而每篇博客，我都会用中英文双语来写。几年来，我一直坚持着这种非常规写法，双语文章成了我的招牌，我的英文读者和中文读者可以在我的文章中相聚，互相交流看法。

## 质疑自己的惯例

我们必须遵纪守法，遵从行业和公司合理的标准，如工作场合着装须得体等，这些毋庸置疑。除了这些常识性规则，那些强加的非正式传统往往对我们并无好处，只要不伤害别人，我们不妨予以取舍。例如，软件开发人员按惯例应是计算机科班出身，但我最近遇到几位出色的程序员，他们就没有因循惯例，而是凭借哲学等其他专业学位提高自己的批判性思维能力，写代码则完全靠自学。

想想你的职业，你做这份工作是不是也是某个传统使然，或是出于别人的期望，并非做了最适合自己的选择？有没有别的道路能让你更成功、更幸福？当你意识到自己的工作由自己主宰，也能打破多年来自己强加给自己的传统时，便会有如释重负之感：视野打开了，生活有趣了。如果没有开始讲课和写作，我这一辈子都只会待在银行业这片天地里。

和大多数人一样，我也很容易在不必要时陷入盲从的陷阱。偶尔我会后退一步，想想"巫师先生"的话。腰带和鞋子的颜色不一定要搭配。

# 58

## 边走边谈

人生要追求梦想。

人生要采取行动。

有时人生也要驻足当下，闻闻花香。

飘雪的清晨，我漫步在一片繁忙的纽约街头。

有人在清扫积雪。

脚踩防水靴的女人正穿过红绿灯，在上班的路上安然向前。

我坐进一家咖啡馆，悠闲地看向路人。

有一年 4 月初我去了一趟纽约，在社交媒体上写下了上面略带诗意的文字。在那个时节看到雪景，让我感到惊喜。我看到春日街边盛开的黄水仙，黄色的花瓣被白雪覆盖，这真是奇异的景象。雪中的曼哈顿很冷却很美，我忙里偷闲、四处溜达，坐在咖啡馆里，感受着周围的世界。走出咖啡馆，散完步，我感到轻松又愉快，并且脑子里装满了灵感。

如果你在读这本书，可能最想看到的是如何获得事业上的成功。我们总是忙忙碌碌、四处奔波，却很少静下心来思考：到底什么是成功？应该设定怎样的目标？可以从哪里开始？什么样的工作能让我们感到快乐？

我觉得有时候我们需要放飞思绪，天马行空地想想生活中的各种可能，这是我们获得奇思妙想的好办法。你要留点时间让自己活在当下，哪怕只是每周从忙碌的日程中抽出 15 分钟。我放飞思绪的做法是出门散散步，沉浸在大自然里。如果去公园，我会观察各种各样的植物，聆听鸟儿的啁啾；如果实在没有时间，我就在自家花园里走走，闻闻花香。

我建议你也试一试。首先，边散步边思考可以让你放松，提升你的愉悦感。其次，当你放松下来、不再被眼前的工作压力困扰时，你会放飞思绪，去考虑更有创造性、更长远的话题。散步可以给你机会，让你想想写篇什么样的博客，或者想想如何给一个能启发你的人写封邮件，冒昧地请他赐教。

随意散散步、沉浸在当下（这本身就是一个小行动），也能让你反思读这本书有何收获、打算如何将心得付诸实践。如果强迫自己立即拿出一个"小行动"计划，你的想法可能受到限制，计划反而会不那么清晰。我并不是建议你偷懒（你也不是爱偷懒的人），我想说的是，离开办公桌，走到户外，说不定脑海中能浮现让你惊喜的奇思妙想。

独自散步有助于我们释放创造力，但与另一个人一起散步是了解他人观点的好方法。如果我希望从所欣赏的人那里得到建议，我会邀请他们去散步，边走边谈，而不是请他吃饭。尽管并不是每个人都接受这样的邀请，但也有很多人（包括一些高层）愿意，因为我会提出在他们方便的时间和地点见面。我会事先设计一条相对安静、景色怡人的路线，预计 1 ~ 1.5 小时走完。

你可能会问，既然大家一般都在餐桌上谈事，我们为什么非要去散步呢？首先，你可以稍微活动活动，免费欣赏优美的环境。更重要的是，走路时双方的谈话将更深入。边吃饭边谈话确实有很多好处，尤其是在招待外国客人或者一大群人时。但是，如果你想一对一地深入讨论，想听听对方的建议，餐桌上的谈话会经常被打断——点菜、吃饭以及付账。如果你们只是走路，注意力便可以集中在谈话上。因为干扰少，所以交流也会更顺畅。下一次，如果你想从有资历的人（或拥有不同技能的人）那里得到建议，可以问问他们是否愿意和你一起散步，边走边谈。

我认识的一些学生和年轻的专业人士不喜欢走路，他们会觉得这是在浪费时间。他们希望把精力放在具体的行动上，而不是思考上。但我告诉他们，行动与思考是相互关联的。如果我们能摆脱室内环境的束缚，创造性思维就更容易被激发，我们也能从别人那里获得更多灵感，而这也有益于我们制订更好的计划，从而将想法付诸实践。

不好意思，窗外的花园里的荷花刚刚绽放了，这是荷花今年第一次开花，我要去看看，出去走走，希望后续感悟为你带来一些新想法。

# 59

## 大自然是我们的老师

我们周围的许多植物已经活了几十年了，它们遭受风吹雨打，经历枯荣，却依然活了下来，生生不息。我一直热爱自然、享受自然，近几年还发展了园艺爱好。帮助一株垂死的植物重新茁壮生长，或者看到树上第一次结出果实，这些都会让我们欣喜。我从园艺爱好中收获的一些心得也非常适用于职场。

### 像锡叶藤一样灵活柔韧

我家的花园里有两盆锡叶藤。这是一种攀缘植物，它的叶子是深绿色的，盛开的花朵呈现令人惊叹的紫色。刮风时，右盆里的锡叶藤总会被风吹倒在地，左盆中的锡叶藤却不会。我非常不解，因为这两株植物彼此挨着，它们一样高（大约 2 米），而且栽在同样大小的花盆里。不同的是，为了引导它们向上生长，我把右盆里的藤蔓用铁丝紧紧地固定在几根结实的木杆上，左盆里的藤蔓则被绳子松散地绑在两根细竹竿上，相比较而言，右盆里的那株看着更结实。但我最终明白，原因是右边那株很容易招风，而左边那株的枝条则会随风摇摆。左盆中的每根竹竿都很柔软，来回扭动也不会带翻整株植物。左盆里的藤蔓不似邻居那般挺拔整洁，但很柔韧，能开出同样美丽的花。

我们的事业也会面临强风袭扰，比如裁员、工种被自动化取代以及新冠肺炎疫情等，会因此偏离既定的职业发展轨道。就像左盆里的锡叶藤一样，我们需要在暴风雨来袭时保持灵活柔韧。灵活柔韧并不意味着软弱，而是学会适应新环境，不被突如其来的变化摧毁。1997 年亚洲金融危机爆发时，我从事金融衍生品工作的计划落空了，因此我改变了方向，选择了风险管理工作。4 年后，我利用风险管理的工作经验找到一份与衍生品相关的工作。如果你能灵活变通，愿意做出妥协，就能安然度过风暴，再找机会重新绽放。

## 拓宽你的视野

我在花园里种了一株沙漠玫瑰（也称富贵花），它开着奇异的血红色花朵。它的枝干非常粗壮，干旱时可以储水。沙漠玫瑰的形状很漂亮，有点像盆栽。刚买回来时它长得非常好，但是大概一年后，我发现它没有那么频繁地开花了。我为它加了些肥料，把它移到阳光更充足的地方，但是没用。我拍了照片并贴在网上寻求建议，有人评论说它的根太壮了，已经冒出花盆了。于是我把它移植到一个更大的花盆里，很快它又开始花蕾满枝了。

与我家的沙漠玫瑰一样，有时你可能发现自己的事业并没有蓬勃发展，岗位和工作环境过于严苛，无法施展才干、实现抱负。在这种情况下，你就要试着争取横向调动，拓宽职业视野。你可以拓展自己在其他部门、公司甚至其他行业的人际关系，从而获得新的事业视角。如果你在一家跨国公司工作，可以考虑申请海外职位，即使可能减薪或者要去陌生的环境中独自闯荡，这也有助于你获得新的发展机会。

## 点滴进步，会有长远收获

刚搬回新加坡并定居于此时，我注意到我家外面的街道看起来光秃秃的。这是一片公共土地，所以我打电话给公园局，请他们允许我自费种点树。我的设想是种一排锦叶榄仁，它突出于树干的茂密树叶，会天然形成可爱的树影。

公园局拒绝了我的请求，不过两天后他们派了一名代表来见我。他向我解释说，在街道上种树必须慎重，有些树木的根系很强大，虽然利于树木茁壮生长，但若干年后如果树根扩张得太厉害，可能会破坏排水系统。不过，他也觉得这条街需要多点绿化。几个月后，几个工人在街道两旁种了很多树。

公园局代表的迅速反应让我印象深刻，我也开始反思他所说的树根的破坏力。随着时间的推移，每天微不足道的生长也会产生强大的影响力，久而久之，树根可能会破坏城市的基础设施；而在我们的职业发展中，长期的、持续的小小进步也可以产生积极的结果。例如，你可以每周结识行业内的一个新人，或者每次买东西都省下一点钱用于职业发展。这些小行动可能很久之后才会看到效果，但积少成多，最终的影响将是巨大的。这些年来，我一点点练习普通话，看中文电影、使用中文社交媒体、经常用普通话和朋友交谈，如今我终于可以用普通话发表主题演讲了。

## 花期未到时请耐心等待

我的花园里有一株巨大的叶子花（又称三角梅），这是一种很顽强的植物，几乎常年开花。相比之下，那盆七里香却不大开花，可一旦开花，馨香扑鼻，大老远都能闻到它的香气，的确名副其实。植物的开花季节各不相同，时机未到，想让它们开花是不可能的。

有些人似乎一直很成功，就像那株叶子花，但大多数人在一次次胜利之间都经历着平平淡淡，如同那季节性开花的七里香。七里香告诉我们，我们可能处于职业停滞期，却仍然可以很幸福；只要耐心地等待季节变换，成功一定会再来。

## 增加价值，创造幸福

《生态经济学》杂志刊登了德国一项有关鸟类多样性的研究，研究发现，增加 14 种左右的鸟类物种给研究人员带来的满足感相当于每个月多挣 150 美元。[1] 看到这样的研究结果我一点儿也不惊讶。看着鸟儿飞来飞去、听着它们婉转的歌声，我总是特别高兴。所以我去买了肥料。你一定在想，肥料和鸟儿有什么关系？我给花园的植物施肥，精心照料它们，它们开花、结果，自然会吸引鸟儿。我总不能什么都不做，还盼望鸟儿能来吧。

同样，如果想要生活幸福、事业繁荣，我们应该努力吸引那些善于启发人、知识渊博、支持我们的人。我们应该考虑，要想与他们建立良好的关系，我们需要做些什么。人际关系也需要培

---

1　Joel Methorst, Katrin Rehdanz, Thomas Mueller, Bernd Hans jürgens, Aletta Bonn, Katrin Böhning-Gaese. The importance of species diversity for human well-being in Europe[J], Ecological Economics, 2021 (181)

养，方法既可以是帮他人买份午餐，也可以是利用自己的专业知识帮助他们完成一个项目等。你只有先为他人增值，才能建立更好的人际关系。

　　植物需要阳光、肥料和水才能健康生长，我们的职业发展也需要类似的东西。新知识是阳光，带给我们能量和机会。我们花时间与激励、帮助我们的人在一起时，他们就像肥料一样为促进我们事业更快发展提供养分。我们每天都采取一些小行动来提升自我，这就像定期给植物浇水，慢慢地、一点点地，我们开始绽放。

# 60

**工作中的感恩清单**

12 月 31 日在医院待上 3 小时，可不是辞旧迎新的好安排。我在室外修剪植物时，不小心被一根枝条刮到了右眼，导致视力受损，看灯光时会产生光晕，不得不去就医。一年中的最后一夜，我终于离开医院。我在回家路上想，是该责备自己的大意，还是应该试着心存感激，即便这场事故让我的计划泡了汤。事实上，我又自责，又心生感激。我想："我很庆幸自己能接受高质量的治疗。即使是一年中的最后一夜，一位资深眼科专家不到两小时就来查看我的病情。我很感激他诊断我只是眼角膜（眼球外层）轻微擦伤，伤口并没有严重到会影响终身的地步。"

我很庆幸我的视力尚好，可以继续写这本书。

聚焦生活中不好的一面，这是人类的天性，但我们也可以选择对我们所拥有的一切心怀感恩。曾有文章对此做过解释，感恩之所以重要，是因为它与幸福感息息相关。

在积极心理学研究中，感激与幸福感密切且持续相关。心怀感恩有助于人们感受到更积极的情绪、享受美好的体验、改善身体状况、勇敢面对逆境、建立牢固的人际关系。

工作中可抱怨的事情有很多。例如：上司处事不公，未能让我们晋升；公司的等级制度太复杂，无法施展才华；等。但是，如果你拥有一份体面的工作，即便这不是你理想的工作，也还是有很多值得感恩的地方。我在一家银行工作时，也经历过一段充满压力和不开心的时期。有一天，我决定列出这份工作让我喜欢的地方。

我很感激我的银行为家人和自己提供医疗保险。

我很感激有机会为公司做贡献。

我很感激我在公司得到了学习和培训机会。

我很感激能有灵活的工作时间和年假，让我有时间陪家人。

我很感激与同事们的思想交流。

我很感激我的办公地点交通便利。

我很感激我的工作能让我去不同的城市出差，有机会体验丰富多彩的文化。

我很感激上司允许我做兼职。

我很感激客户欣赏我的专业知识。

我很感激我有稳定的收入，可以随心所欲购买心仪的手机。

写下一系列感恩事项，回想其中的内容，我感到平衡。工作中的缺点并没有神奇地消失，但我现在能够不去细究那些不足，转而欣赏以前我认为理所当然的好处。我所感激的大部分内容（包括稳定的收入、与家人相处的时间以及医疗保障等）都比我在工作中遇到的挫折更重要、更宏大。我还想通了另外一点，假如我失业了，我面临的问题会大得多。拥有这样一份还算不错的工作，我感到自己很幸运。这么一想，我就开心了起来。

现在你已经读到本节的结尾了。你可以花几分钟列一张清单，列出目前工作中所有让你享受的地方。尽量写出 10 条来，就像上面的例子那样。很多人会忽视一些简单的事实，比如每月都能拿到工资、每天都能获得宝贵的经验等。

你可以每月重复一次这个过程，相信这将有助于你在更宽广的背景下看待你所遭遇的不快，用更正面的心态来应对挑战。在工作中感到压力和焦虑是很自然的，毕竟你花了很多时间工作，并且不可能与所有同事都相处愉快。不过，你要记得自己还有一剂感恩良药，偶尔可以用来应对消极心态。

## 第 11 章

# 展示你的思维领导力

# 61

**致董事长的信**

我曾在亚洲一所顶尖大学教授 EMBA 的领导力课程。有一次讲完课后，我和一群学生聊天，其中有个学生叫大山，在日本一家航运公司任高级经理。我问他有什么兴趣爱好，他说自己热衷于帆船运动。

刚入职场时，大山在东京一家公司上班。他很想出国参加帆船比赛，但是部门经理不批准，于是他决定直接给董事长写封申请信。我觉得大山的这个故事很不错，建议他讲给团队成员听。他有点犹豫，因为他觉得自己当年越过上司直接与董事长联系的做法让上司很难堪，这样的行为很不妥。我则告诉他如何把故事讲好。尽管他不大自在，但还是同意分享。以下是那天他的讲述。

## 大山亲述自己的故事

有 3 件事你不应该在工作场所做：

1. 将个人兴趣置于工作之上；

2. 让上司难堪；

3. 惹恼同事。

如果你做了这些事，你的风帆会失去方向，你的船会失控、会倾覆！

但这三件事我都做了，一件不落。

这是我的故事。

那年我 25 岁，冲动鲁莽，不在乎什么工作表现。你会问："为什么？"因为我喜欢帆船，它是我心中的第一要务，我一直在非常刻苦地训练。

我想带着我的双人帆船去意大利加尔达湖参加世界锦标赛。

这要花很多钱，还要请两周假。为了克服这些障碍，我想到让公司赞助我，而作为回报，我会在帆船的三角帆（面向前方的大帆）上印上公司的标志。

可惜，上司对这个提议不感兴趣。

于是我把这个想法推销给公关部，也被公关部总经理婉拒了。

当然，我刚入职不久，公司为什么要赞助一名新员工的个人赛事？

但是我不死心，一心想达成心愿。

（续）

灵机一动，我想到给公司董事长写封信，说明赞助我的意义，并表达我的渴求之情。

我把信寄出去后，等了好几天，什么动静也没有。我开始后悔自己的鲁莽行为。

突然我的电话响了——是董事长打来的！

他说："你的信我收到了，我喜欢你给自己设定的挑战。我期待看到你的战绩。"

我放下电话，双手一直在颤抖。我马上去找经理，告诉他董事长给我打了电话。

他面露尴尬，让我再去联系公关部。我最终得到了公司的赞助，实现了梦想。

我把个人爱好置于工作之上，让上司难堪，让同事恼火，因为我的出海增加了他们的工作量。虽然我打破了工作场所的常规，但受益匪浅，因为我学到实现目标的方法：

1. 设定目标；

2. 相信自己；

3. 采取行动；

4. 考虑不同选项；

5. 不要放弃。

总结一下我的故事：不要让约定俗成的规则左右你的人生！

　　大山的演讲很成功。他直面了困扰自己很多年的一次经历，与年轻的同事们进行了分享。大家给了他很积极的反馈，其中有个人写道：

　　"大山先生，谢谢您今天分享的个人经历。我必须说你很勇敢，能大胆追求自己的理想。我特别喜欢你最后那张幻灯片。你说得很对，我们都是自己人生的舵手，定好航线，向目的地进发。"

　　在演讲之前，大山在大家眼里只是一位能力强的经理，但演讲之后，人们认为他是位有实力的领导者，他勇敢、自信，勇于追逐梦想。大家都愿意追随这样的部门领导去实现愿景。大山向我讲这个故事时，我很受启发，但尤其令我钦佩的是他能和更多人分享这个故事。我认为他展现了卓越领导者的 4 项特质。

- **勇气**：大山曾对越过上司直接联系董事长争取赞助的行为感到羞愧，多年来他一直对此事避而不谈。对他而言，直接面对这件事需要很大的勇气。

- **谦逊**：大山是一位事业成功的高级经理，但他仍然谦逊地接受了我的建议，向我学习演讲技巧。他过去只习惯于展示财务数据，而这是他首次公开谈论个人经历。

- **愿意讲授**：大山一直在考虑如何培养年轻同事。虽然他觉得分享自己的故事这件事让他感到很不自在，但为了培训，他还是做了。

- **真实**：大山没有把自己的经历从头到尾都描绘成一首赞歌。他承认自己后悔发了这封信，还描述自己打完电话后双手颤抖，展现了自己脆弱的一面。呈现真实状态让同事们更愿意与他打交道。

领导者通常都愿意谈论他们成功的过往，比如完成的交易和项目等，这很自然。但是，如果我们想成为真正受人尊敬、能够与人建立良好关系的领导者，我们也应该像大山一样，讲讲生活中那些更具挑战的真实经历。

# 62

## 另一位裁缝，另一位厨师

有些管理者下属众多，但这不代表他们就是优秀的领导者。要成为一名领导者，你必须有愿意追随你的人。人们追随你是因为相信你，而不仅仅是因为你职位高。你需要了解员工的特点，深入挖掘他们成功的原因，这样才能更好地激励员工。看到别人的缺点很容易（我自己也不能免俗），但你需要了解员工的优点，如此才能恰如其分地感谢和赞赏他们。

认可同事的出色工作，有助于你快速建立良好的人际关系，甚至会让你在还没有下属的时候就奠定未来走上领导岗位的基础。不过，锻炼敏锐的识人能力不一定要从工作场所开始，想想你在日常生活中遇到的人如何能达到今天的水平。

### 对马戏表演的好奇心

我看过著名的太阳马戏团的一场表演。看着杂技演员挑战地心引力的腾空翻跃，我心想他们要投入多少时间和精力才能完成如此令人叹为观止的表演。他们必须高度集中精力才能确保自己和队友的安全，谁知道他们要经历多少次跌打滚爬才能如此傲然地站在现场观众面前。

马戏表演让我想到，对别人充满好奇在工作中也很重要。作为一名领导者，看到同事们取得巨大成就，你不应该只赞赏最终的结果，还应该留意他们一路走来的过程。如果你不只是表扬他们，还对他们的成功过程发自内心地感兴趣，他们也会由衷感激你的认可。他们经历了多少次失败，从中吸取了多少教训？如果不问，你就不会知道。

## 被小吃摊摊主打动

2016 年，新加坡的陈翰铭师傅那不起眼的"香港油鸡饭·面"摊获得了米其林一星，是世界上首家获此殊荣的小吃摊。我读过有关陈师傅的媒体报道，但还是想亲自去一探究竟。我在午餐时间去了他的面摊，想尝尝他的面并请教一些问题。排队的人实在太多了！尽管我没买到面，好心的陈师傅还是同意打烊后和我聊一会儿。这次聊天让我收获颇丰，后来我列了一份陈师傅的成功要素清单，包括勤劳、谦虚、待客友好、态度积极、对配料充满热情等。

尤其令我印象深刻的是他的工作效率。闷热的摊位旁只有一名助手，陈师傅动作麻利得就像一台超声波切菜机，一盘接一盘地制作招牌油鸡面。他个子不高，操作间是量身定制的，砧板和操作台的高度适中。陈师傅也非常专业，大多数街头小贩因为工作环境又热又油都穿着 T 恤和短裤，但他每天都穿着整洁的白色厨师制服。我问为什么他的面价格一直没变，还只卖几块钱，他回答说，对小贩中心而言，这个价格很公道。这反映了他的另一个优点：正直。陈师傅没有利用自己的名声趁机提价，他非常看重自己的老客户。

## 我信任的裁缝

我有两位很出色的裁缝，一位为我做衬衫，一位为我做西装。在过去 15 年里，我工作时穿的所有衬衫都出自钟师傅之手。尽管面临激烈的竞争，但钟师傅即使不做广告也有很多老客户。他的小店位于香港铜锣湾，在一幢不起眼的、没有电梯的大楼的四层。他是如何让顾客满意的？与陈师傅一样，钟师傅也有一些与众不同之处。

- 他手艺高超。大多数裁缝只会给顾客量尺寸，缝纫工作由别人来做；但钟师傅从裁剪、缝纫到最后的修改全部亲自动手。

- 他很勤劳。我周末给他打电话，他也在工作。
- 他总是按时交货。
- 他注重细节。他特意把我的左袖口做得比右袖口略大，就为给我的手表留出空间。
- 他值得信任。我定做衬衫只需要打一分钟电话即可，我知道他会搞定一切。

如果有点好奇心，我们就会发现生活中有很多像钟师傅这样的无名英雄。我们应该花点时间观察，想想他们为什么会成功。一旦你养成留心观察、勤于思考的习惯，就可以把它带到工作中。如果你渴望成为一名优秀的领导者，就要有发现别人长处的好奇心，不要仅仅象征性地说一句"做得好"就走，而要与他们多多交谈，了解他们的硬技能、软技能，以及如何为团队做出贡献。

作为一名领导者，你不能总是用自己的职权压人或强迫别人做事。否则如果公司限制你给员工加薪、升职，你要如何激励员工？如果你真心认可团队成员的能力和成就，他们会与你共同进退，即使公司经历困难，也愿意留下来。

# 63

## 成为社团领导

　　成为公司领导者之路漫长而艰巨，尤其是对刚毕业的你而言。随着资历越来越深，你会自认为有资格竞争领导者岗位，但不是每一次都能获得重大的晋升机会。所以，不要一直坐等上司提拔你，要抓住机会，为自己创造成为领导者的机会，包括在本职工作之外。

　　你可以去一些成熟的组织（比如校友会或运动俱乐部）争取一个领导者的角色，当然，你可能面临激烈的竞争。还有一种培养自己成为领导者的方法就是创建、培育自己的社团，为自己创造接触资深人士和高层人士的机会。这样做的好处是，不论你是学生还是职场新人，年龄都不是障碍。此处我提供了成为社团领导者的计划，一共6点，供你参考。

## 聚焦一个领域

你的社团应该聚焦一个自己长期感兴趣的领域。我认识 3 个年轻人，他们在各自热爱的领域成立了社团。戴傲安，商学院学生，他热衷于个人理财；坎迪，刚毕业的工业设计师，她希望通过分享自己的设计技能帮助社团成员；黄正祥，一位工程师，跑过几次马拉松，对健康和健身感兴趣。

## 从小处着手

我和一些人谈论过成为社团领导者的事情，他们觉得这种事情太大了，不敢做。如果你想学习与领导力有关的技能，最好从小处着手，瞄准容易接近、积极参与的一小群人，10 ~ 20 人即可。戴傲安的个人理财小组成员都是他的同学，他们想学习理财。坎迪创立了一个小型社交媒体小组，帮助非专业人士制作漂亮的海报和信息图表。健身达人黄正祥并没有试图说服那些爱健身的人和他一起去参加铁人三项全能赛，他只想鼓励不喜锻炼的上班族注意身体健康。

## 利用社交媒体

你要善用社交媒体来建立、管理并领导你的社团。个人理财

"大师"戴傲安打造了一个以制作并分享精美图片为主的平台，因为年轻人喜欢这类平台；坎迪打造了一个与职场相关的平台，因为她想与专业人士建立联系；而爱健身的工程师黄正祥创建了一个聊天群，以此创建他的健康社团。社交媒体方便你扩展线上社团。一旦取得了一点成绩，你就可以邀请有共同兴趣爱好的同事、朋友加入，这是你展示领导才能的绝佳机会。

## 找个同伴

你不必独自一人掌管一切，可以一开始就与人合作，这样你在运营社团时会更轻松、更有趣。你可以根据专长为同伴划分工作职责，比如你主要负责与社团成员互动，你的同伴负责营销并为活动拍照。

## 邀请资深专家

参加一个更大的组织有利于你的社团发展。你可以通过视频会议、轻松午餐或社交活动等形式邀请专家来参加社团活动。如果你领导的是一个为初露头角的业余摄影者服务的社团，可以试着联系一位专业的摄影师。一开始，你可能会怀疑自己能否请到业内资深人士。请相信，一旦你成为一个有能力的社团领导者，其他领导者就会尊重你，也更愿意帮助你。

## 授人以渔

你会逐渐在擅长的领域积累知识，树立信心，最终开始指导他人。你可以组织线上培训，提供课堂教学，或者进行一对一的指导。无论采用什么方法，你最终都会获得重要的领导技能，这将帮助你日后成为创业者。毕竟，人们越来越期望领导者也是授人以渔的导师，而不是发号施令的"独裁者"。领导者应该能够指导和激励团队中那些工作吃力、需要帮助的人，而不是只关注能力出众的员工。

在银行生涯的中期，我开始在我擅长的金融工程领域小规模地培训年轻同事。这些人组成了我的社团。后来，我的上司若担心某些年轻员工的工作表现跟不上公司的发展步伐，就会让我对他们进行一对一辅导。在我证明自己的培训和指导能力后，有一天经理告诉我，公司有意培养我担任领导职务。

领导自己的社团听起来可能不是职业成功的关键，但久而久之会产生重大成果。你借此锻炼了自己的领导能力，在公司内外树立了领导者形象，推开了成为决策者的大门。健身达人黄正祥开始邀请工程师同行一起锻炼，他在社团方面的成功，给公司经理留下了深刻的印象，有个经理甚至想加入其中。高层领导者也很喜欢与年轻的领导者打成一片。

牢固确立自己社团领导者的地位后，你便可以期待自己成为一名优秀的领导者。我会在后文详细讲述与思维领导力有关的内容。

# 64

**明天我们需要的教育**

即使没有花哨的头衔，你也能成为领导者。各种社交媒体为你提供了一个平台，可以让你在公司之外成为 KOL。要成为一名 KOL，你需要有见地，需要深耕自己的专业领域，并成为该领域的能手。但拥有新鲜的视角和创新的想法并非易事。

几年前的圣诞节，我写了一篇题为"明天我们需要的教育"的博客文章。在晚上 11 点左右发布文章后，我就上床睡觉了。第二天早上醒来，我简直不敢相信自己的眼睛！这篇文章有 1000 多条评论，而且阅读量还在不断增加。我当时写博客已经一年了，这篇文章是第一篇被广泛、快速流传的文章。这是我成为教育方面 KOL 的转折点。以下是这篇文章的全文。

是的，我们仍然需要学习数学、科学和语言，但我们也需要人生技能，让我们的人生更有乐趣、更有意义。因此，我有一个想法——创办一家企业。大家去常规学校上课以学习必备的知识，利用业余时间上网课学习人生技能，该企业每年提供一次面授课程。

1.学校助你谋生，这里助你拥抱生活。

2.学校问你长大后想干什么（医生、工程师、教师等），这里问你要解决怎样的问题、要用什么技能。

3.学校教你如何应对校园霸凌，这里教你如何处理职场人际关系。

4.学校教你硬科学，这里教你软技能。

5.学校举办故事大王比赛，这里希望你能在日常交流中将个人故事娓娓道来。

6.学校教你语言，这里教你肢体语言，听懂出口之言和弦外之音，运用图片表达你的心声。

7.学校教你如何写报告，这里教你如何在社交媒体上写出被广泛传播的博客好文。

8.学校要求你读莎士比亚，这里鼓励你研究脱口秀表演者段子里的笑点。

9.学校教你市场营销，这里教你树立个人品牌。

10.学校组织运动会，这里告诉你久坐的危害，教你保持脊背挺直、身材苗条，让你50岁时劲歌劲舞也不会闪到腰。

11.学校布置大量的作业，忙得你没时间干别的事；这里分享时间管理技巧，让你合理安排时间做自己感兴趣的事情。

12.学校提供校内联谊的环境，这里教你在网上结交志同道合的朋友。

13.学校布置各类功课，这里也会给你布置功课，但内容是做视频简历。

14.学校以考试成绩论成败，这里训练你失败后再站起来。

15.学校告诉你工作与生活的平衡之道，这里告诉你工作与生活的融合之道。

我的文章之所以被广泛阅读，可能是因为它为大家提供了一个全新的视角，展示了我的思想感染力。然而，其中也有一些颇具争议的观点。我当时还是博客新手，有点担心负面评论，但还是鼓起勇气发表了这篇文章。果然，留言中出现了一些负面评论，有两条是这样的。

"很有意思……但我不同意你对当今学校的描述。在瑞典，我们在学校就培养学生迎接现实生活……你提到的这些想法我们多年来一直都有。"

"文才，你真逗。你的意思是说你无法在学校学到人生技能？比如提问能力？我很不同意你对学校的描述。"

最初，这种反馈让我很怀疑自己。后来，我明白，要想成为一名成功的 KOL，没有批评才更令人担心，批评过多反而不足为虑。如果每个人都同意你的观点、没有任何反对意见，这表明你的想法不够有趣、不够创新、对读者影响甚微。

在社交媒体上成为 KOL 可能会让人望而生畏，因为人们害怕被公开挑战。但你必须学会接纳批评，不要害怕。除非谩骂或人身攻击，否则不要删除或忽略批评。建设性的批评可以吸引更多人来读你的帖子并产生互动，读者会互相回应各自的评论意见。看到与自己不同的观点，也能让你成为见多识广的 KOL。

## 从 KOL 到公司领导者

在社交媒体上发布互动内容，在活动中发言，会使你获得成为 KOL 的技能，也会为你成为职场领导者做铺垫。当你资历加深，能承担重大决策责任时，便能用新视角启发别人，这样的能力对领导者而言至关重要。

如果不能面对批评，就无法胜任领导他人的工作。领导者不可避免地会面对来自同事和客户的不同意见。社交媒体为有效处理、吸取负面评论提供了良好的训练场所。如今如果有人批评我的帖子，我不会沮丧，反而会认为这是一个拓宽视野、成为更好的领导者的机会。

# 65

## 你要对 22 岁的自己说什么

一些人很重视和公司及行业中资历深、有影响力的人建立关系，却常常忽略资历较浅的年轻人。但从长远看，这些人对你的职业发展同样重要。

## 为什么需要结识年轻人

培养年轻人才是成为成功的领导者的一项核心要素。如果你为公司的实习生或应届毕业生提供一些建议，他们便会在心里视你为领导者。他们可能对自己工作的某些方面没有把握，因此他们会很感谢你的帮助。随着他们在公司不断成长，逐步晋升，你的领导者声誉会一直存在。另外，与下级同事交谈也是直接了解他们所热衷的技术趋势的好方法。

不要只与自己公司的年轻人建立关系。你的行业可能会出现动荡，你可能因此需要聘用初级员工或从头组建一个团队。如果你有一个成熟的社交网络，那么招聘工作会比较顺利。我建议你列一份不断增减的名单，列出那些尊重你并希望有朝一日为你工作的年轻人。就像足球经理总会考虑招募年轻球员一样，你需要追踪那些和团队技能互补的人才。毕竟，领导效力最终取决于你的团队有多强大。

## 如何与年轻人建立关系

如何让年轻人进入你的人才清单，并确保他们一直留在那里？在他们帮助你之前（例如加入你的团队），你需要帮助他们。你的资历比他们深，所以最好的帮助就是为他们提供人生和职场建议，建立导师式的关系。不过，尽管你经验丰富，但要确切地知道对一个年轻人说些什么也并非易事。什么样的信息和见解对他们有用？我们已经工作多年，有时会忘记初入职场的感受。针对这个问题，我的建议是给年轻的自己写封信，分享些经验之谈。

## 给年轻自己的一封信

我给 22 岁的自己写了下面这封信。那时我在读大学，主修工程学，我的成绩虽然还不错，但自信心不足。我将大部分时间花在了读书学习上，没有什么兴趣爱好。如果能穿越时空，我会告诉22岁的自己以下5件事情。

## 思维疯狂些

文才，你活得太无聊了，要放开思路，做点有趣的事才对。为何不在学校组织文化活动和聚会呢？以自己的名义举办活动当然没有人会理睬你，但如果以大学的名义举办活动，我相信会有赞助商赞助。放心，学生肯定会来参加。你不是喜欢设计吗？为何不去向建筑学院院长申请选修课程？让思维疯狂些，不要害怕冒险。

## 不要轻易接受拒绝

文才，改变人的想法并不像你想象的那么难。不要等你老了才明白这一点，不要不争取就轻易接受拒绝。

## 相信蝴蝶效应

文才，你会发现，现在看似微不足道的一个决定很有可能对未来影响至深。这是一种被称为蝴蝶效应的现象。如果不是你主动写信给银行的人力资源部门自荐，你很可能进不了银行业。如果不进入银行业，你就没有足够的钱去英国读金融硕士，这也意味着你可能无法发展国际视野和国际化的职业生涯。相信蝴蝶效应，行动起来，不管动作大小。

## 学习演讲技能

文才，你的演讲技能很弱。无论成立自己的公司还是为别人工作，你都会发现需要做有效的演讲。可惜，学校不教授这些技能，你需要在课外活动中培养。

## 收集失败故事

文才，毕业后，你会遭受很多失败：一家航空公司拒绝你的求职申请，普林斯顿大学拒绝你的入学申请，客户拒绝你的产品推荐，上司拒绝你升职的请求。但只要你倾尽全力，就不要太在意结果。没错，失败带来沮丧，让你觉得自己一无是处，但它也会丰富你的人生经验与阅历。所以，收集你的失败故事，有朝一日成功时，这些故事会让你的演讲更生动。

文才，你现在才 22 岁，未来你能做的事比想象的要多得多。在接下来的几年里，你可能会有点迷茫，但生活仍然充满乐趣。我希望上面这些建议能给你一些指导。祝你的人生旅途愉快！

## 成为更好的领导者

写这样一封信既可以帮助你更好地了解年轻人的需求，也可以激励你开始搭建年轻人的社交圈。你可以回母校做场演讲，带公司的实习生出去吃顿午饭，做年轻人的导师，或者在办公室举办培训课程来分享你的知识技能。无论你如何帮助和鼓励年轻人，他们都会感激你，而你也将成为人们愿意追随的领导者。

# 66

## 大胆想

无论我们是带领他人走向卓越，还是在自己的生活中努力实现远大目标，"目光长远"是成功的关键要素。对我来说，目光长远是指提出可能带来根本性变化的重大想法。

目光长远没有什么坏处。如果你担心有人反对、批评自己的想法，则无须透露自己的宏伟目标，你也不需要制订一个循序渐进的计划带领自己迈向辉煌。完成真正有意义的事情通常需要很长时间，奔向目的地有点像扬帆远航，路上的风向会改变，所以你要不停努力适应新环境，争取抓住不期而遇的机会，而不是死守固定的计划。

然而，你还是要从某处开始，立即采取相关的小行动，以此开始你的旅程。如果不行动，想法就只是想法。在过去的20年里，我多次努力将远大的理想付诸行动。虽然目光长远并不总能如我所愿，但我也有收获，有的甚至改变了我的人生轨迹。

## 建筑师理想

**目光长远**：成为一名建筑师

**小处着手**：申请建筑学学位

**最终结果**：我从高中起就想成为一名建筑师，但我对自己的创意没有足够的信心，所以不敢去学习建筑。我大学本科学的是工程学，硕士时学了金融。但我不愿意放弃梦想。在银行工作10年后，已经30多岁的我向新加坡一所大学的建筑系递交了入学申请。这个小行动引发了一连串事件：系里邀请我参加一个测试，我竭尽所能地画了一些自己的设计方案。没想到，我竟然收到了录取通知书。

收到录取通知书那天我非常兴奋，久久不能入睡。一想到我要上设计课程，我就喜上眉梢。后来，我开始计算机会成本。接受建筑学培训并获得建筑师资格大约需要6年；如果留在银行业，在这段时间里我至少会晋升一次，会挣到足够的钱再买一套房。次日一早，我依旧穿上西装去上班了。我又在银行业工作了10多年，并未成为建筑师。每当我走过香港地标性建筑汇丰银行总部大厦或新加坡那家有壮观穹顶的苹果店（均由著名的福斯特建筑事务所设计）时，我都会停下来思索：如果我有勇气改变事业轨迹，生活会是什么样子。

虽然我没有成为一名建筑师，但我一直保持着对设计的兴趣，它丰富了我的生活，让我与其他对设计感兴趣的人产生了联系。

## 跑马拉松

**目光长远**：跑马拉松

**小处着手**：在健身房跑 3 千米

**最终结果**：对于求学时身体瘦弱的人来说，跑一场马拉松是一项伟大的成就。我在长跑方面没什么经验，所以我只能从小处着手。我先在健身房的跑步机上跑 3 千米，然后每周增加 1 千米，直到在马拉松比赛开赛前的一个月达到 33 千米。可惜，那段时间我椎间盘突出的旧疾复发，几个月的训练付之东流，我没跑成马拉松。有时候，目光长远并不会带来你所希望的结果。不过，我仍然为自己的努力感到骄傲：以我的水平，33 千米已经是一个里程碑式的成绩。

## 成为自媒体达人

**目光长远**：成为自媒体达人

**小处着手**：在社交媒体上写一篇短文

**最终结果**：我一直对博主写出有趣文章的能力着迷。对我来说，成为博主是件大事。因为高中时我的英语考试成绩曾经不及格，一直以来，我对自己的写作水平都很不自信。在哪里发表文章以及博客的长期战略让我苦恼了很久，后来我决定先做再说，接着在网上发表了一篇文章。收到一些读者很好的反馈后，我就继续写了下去，一年后我又开始用中文写博客文章，扩大了我的粉丝范围。后来，我又去其他国家发表演讲，为牛津大学和芝加哥大学布斯商学院 MBA 和 EMBA 的学生做线上演讲，我的受众群在不断扩大。一个小小的行动让我走上了一条新道路，带来了很多新机会。

今天，我对写作得心应手，也很荣幸能与世界各地的粉丝交流互动、建立关系，其中很多人与我从未谋面。与粉丝的互动改变了我的生活，当我得知人们阅读我的文章后采取小行动并取得了巨大成功，我总是欢欣鼓舞、备感满足。

你现在读的这本书，正是我在网上发表第一篇文章后不断积累的结果。现在，你看到小行动能给你的职业生涯和人生带来多大的改变了吧。

**大胆想。**

**小处做。**

**趁现在。**